原発を終わらせる

石橋克彦編

Katsuhiko Ishibashi

岩波新書
1315

はじめに

石橋克彦

二〇一一年三月一一日の東北地方太平洋沖地震（マグニチュード、M九・〇）によって発生した東京電力福島第一原子力発電所の事故は、一～四号機が同時に大量の放射性物質を環境にまき散らすという、世界の原発事故史上に類をみない事態となった（国際原子力事象評価尺度ＩＮＥＳで最悪のレベル七）。原発周辺の相当数の地震津波被害者が救出されずに見捨てられ、膨大な数の人々が故郷を追われ、仕事を奪われ、放射線に被曝し、その不安におびえている。しかも、事故収束の見通しはつかず、大余震などによって、さらなる大事故が生ずる恐怖が何十年もつづく。

一九五四年に始まった地震列島の原子力開発利用は、六〇年代後半から七〇年代にかけて、古い地震学にもとづく危険な原発を急速に増やしていった。七三年に提訴された四国電力伊方《いかた》原発一号炉設置許可取り消し訴訟で、安全審査の杜撰さが住民側によって白日のもとに曝されたが、松山地裁は原子力行政の僕《しもべ》のごとくに訴えを退け、危険が野放しにされた。七九年のスリーマイル島と八六年のチェルノブイリの原発事故に際しても、「原子力村」の人々は日本では大事故は絶対におこらないと言って「原子力安全神話」を国民に押しつけた。

〇七年七月の新潟県中越沖地震(M六・八)で東京電力柏崎刈羽《かりわ》原発の全七基の原子炉が強震動被害を受けたとき、私は、日本列島が大地震活動期に入っているという認識も踏まえて、九七年以来警告してきた「原発震災」が日本社会の現実的緊急課題になったと確信した。新潟県でそれが生じなかったのは、地震が中型で大余震の続発がなかったなど、運がよかったにすぎないからである。私はリスクの高い原発から順に止めることを訴えたが、原発推進側は放射能漏れが微量ですんだのは日本の原発の耐震安全性が高いからだなどと主張した。

もし、日本社会がこのとき理性と感性と想像力を最大限に働かせていれば、運転歴三〇年を超える福島第一原発の全六基は運転終了したかもしれない。痛恨のきわみである。柏崎刈羽原発の運転再開を急ぐ東京電力や政府の「用心棒」を務めた理学・工学の大勢の「専門家」と、批判精神を失って原発推進の広報と堕した大多数のマスメディアの責任は非常に重い。また世界の原子力を推進しようとする国際原子力機関(IAEA)が、批判的意見をまったく聴取しないで日本の原発耐震技術をおだてた姿勢も許しがたいものであった。福島の事故にたいするIAEAの関与も、世界中から原発震災をなくすためには害あって益なきおそれがある。

この期に及んでも政府は、中部電力浜岡原発以外は安全だと言っている。しかし、地震列島の原発が「安全だ」などとは誰にも保証できない。現に、今回あらためて不備が明らかになった「発電用原子炉施設に関する耐震設計審査指針」でさえ、「残余のリスク」が必ず存在すると明記している。そうわかっている原発の運転を強行するのは犯罪行為といえよう。

いまこそ日本は原発と決別しなければならない。そう考える者が集まって、ここに『原発を終わらせる』という本を出すことになった。執筆者の多くは、私よりもずっと前から原発の危険性を指摘し、それを無くすことを主張していた方々である。

原発を終わらせるための展望が開けるように、全体を四部にわけた。

Ⅰは福島第一原発事故の真実に光をあてる。想定外の大津波が原因という政府・東京電力の宣伝にたいして地震の揺れで重大事故が生じた可能性(日本の全原発にとって大問題)を述べ、事故処理がいかに大変かを説き、原発と国家に翻弄された地元の人々の心奥に迫る。

ⅡとⅢは、日本の原発が抱えている本質的問題を、科学・技術的側面と社会的側面にわけて述べる。科学・技術的には、原発の基本が核分裂と放射能であるために、不完全な技術であり、事故がおきたときの被害が莫大であることが示される。また、地震列島の原発が、地震のないフランスやドイツの原発とは根本的に異なることも指摘する。

社会的には、「原子力安全神話」と「国策民営」体制が適切な原子力安全規制行政を疎外してきた。その分析と改革の方向性が示される。また、立地地域と電力消費地が表裏一体をなす原発依存の社会・財政の問題、原発を武力攻撃して核兵器として使う可能性と、兵器転用に狙われかねない原子炉級プルトニウムや再処理計画の問題も論じられる。

Ⅳは、原発を終わらせるための道筋がテーマである。「古い産業思想」にとどまっている日本の環境エネルギー政策を欧州標準の二一世紀型パラダイムに転換すべきこと、原発立地自治体の自立と再生は政府にも責任があるが「地域力」こそが重要なこと、第三次産業革命という世界的潮流に貢献する形で省エネと再生可能エネルギーに支えられた分散型ネットワーク社会に移行すべきことが語られる。最後に、原子力基本法が謳う「平和的利用」は、スリーマイル・チェルノブイリ・フクシマの事故と一〇万年を要する放射性廃棄物処分問題から考えて不可能だろうと考察し、核エネルギーを軍事はもとより民事にも使ってはならず、一九三八年の核分裂の発見以来の人類の知を自ら捨てるべきときが来ていると結ぶ。

それぞれの紙数が少ないために、個々の論述は必ずしも十分とはいえない。しかし、本書を読めば、いまなお原発を続けようとする原子力村や財界の思考が時代遅れで危険きわまりないものであることがわかるだろう。本書が原発を止めるための一石となれば幸いである。

目次

Ⅱ　原発の何が問題か——科学・技術的側面から

Ⅲ　原発の何が問題か——社会的側面から

Ⅳ　原発をどう終わらせるか

日本の原発分布図

運転状況（2011年5月末現在）
○　運転中（調整運転中も含む）
△　定期検査中
●　停止中
×　被災停止中
▼　運転終了
※　廃止措置工事中

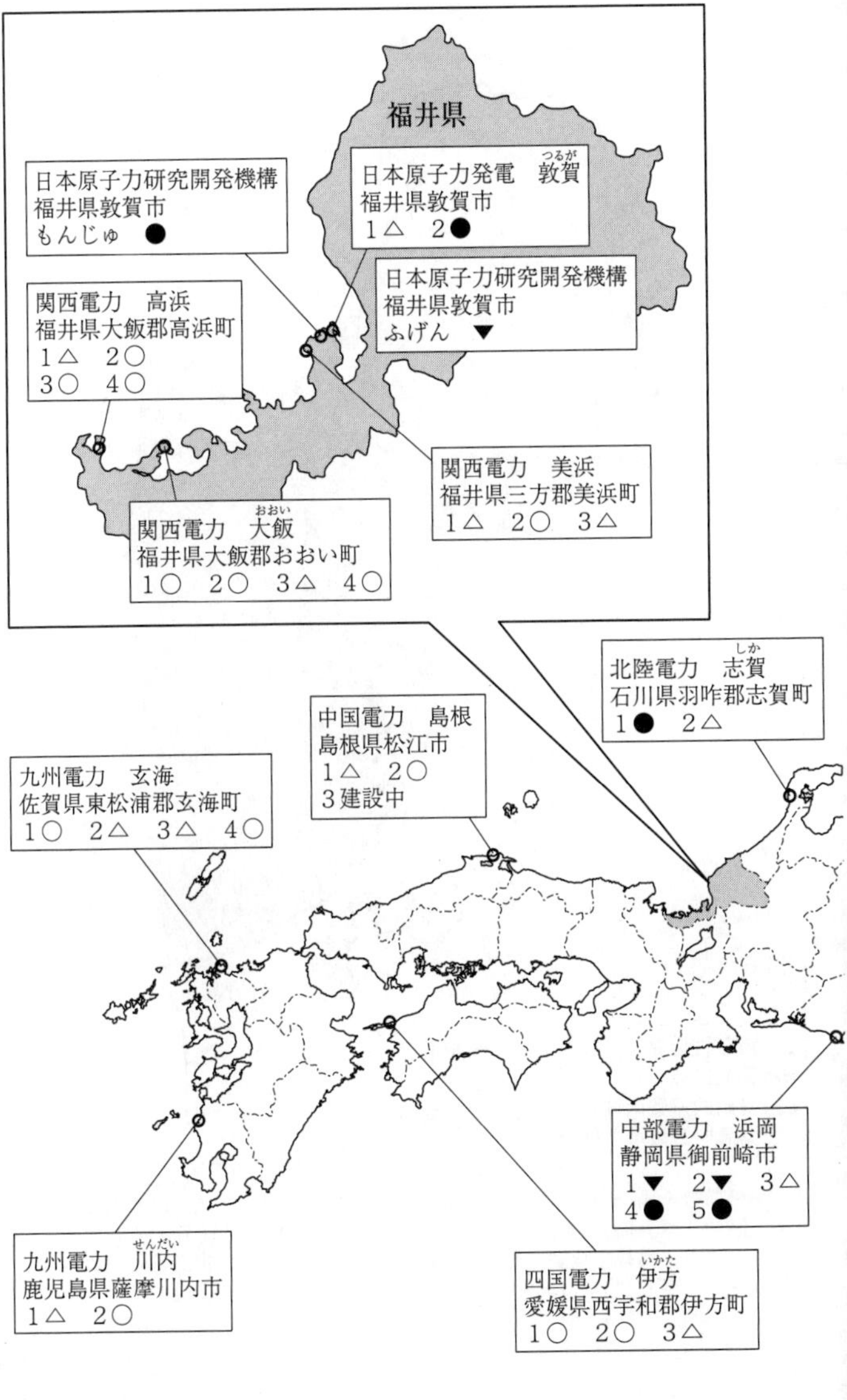

福井県
日本原子力研究開発機構
福井県敦賀市
もんじゅ　●
日本原子力発電　敦賀《つるが》
福井県敦賀市
1△　2●
日本原子力研究開発機構
福井県敦賀市
ふげん　▼
関西電力　高浜
福井県大飯郡高浜町
1△　2○
3○　4○
関西電力　美浜
福井県三方郡美浜町
1△　2○　3△
関西電力　大飯《おおい》
福井県大飯郡おおい町
1○　2○　3△　4○
北陸電力　志賀《しか》
石川県羽咋郡志賀町
1●　2△
中国電力　島根
島根県松江市
1△　2○
3建設中
九州電力　玄海
佐賀県東松浦郡玄海町
1○　2△　3△　4○
中部電力　浜岡
静岡県御前崎市
1▼　2▼　3△
4●　5●
九州電力　川内《せんだい》
鹿児島県薩摩川内市
1△　2○
四国電力　伊方《いかた》
愛媛県西宇和郡伊方町
1○　2○　3△

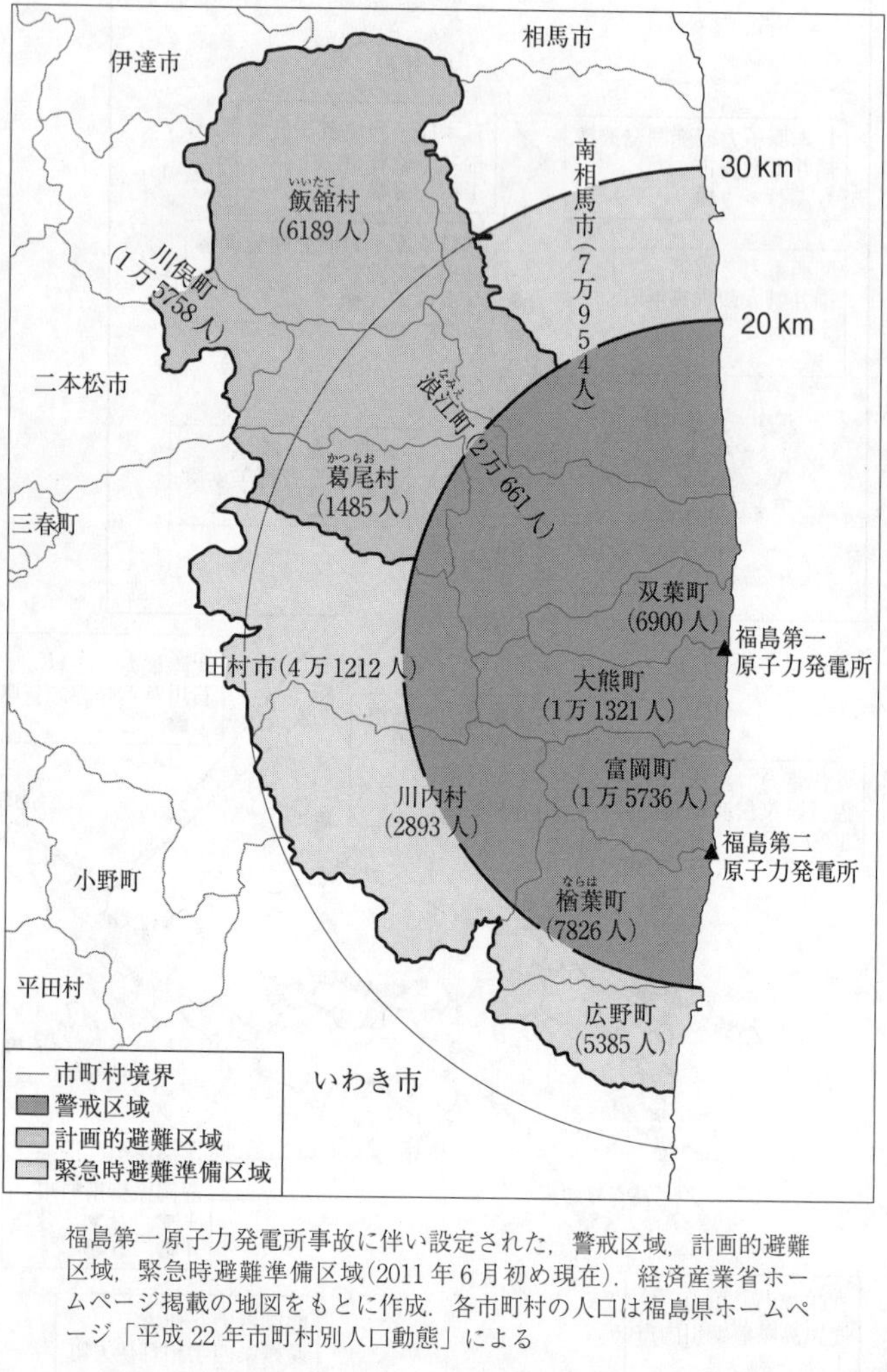

福島第一原子力発電所事故に伴い設定された，警戒区域，計画的避難区域，緊急時避難準備区域（2011年6月初め現在）．経済産業省ホームページ掲載の地図をもとに作成．各市町村の人口は福島県ホームページ「平成22年市町村別人口動態」による

I

福島第一原発事故

1　原発で何が起きたのか

田中三彦

想定外の大津波の襲来さえなければ福島第一原発事故は起きなかった——これが今日、社会に形成されつつある基本認識であるかもしれない。いや、すでに堅固な認識になっているのかもしれない。しかし本当にそうなのか。この先、地震国日本と原発という大きな問題を議論していかねばならないときに、われわれが注意を向けるべきことは大津波だけなのか。〝想定外〟ということですべて片が付くのか。たぶん、そうではない。

一号機の〝異常な〟原子炉水位降下

三月一一日午後二時四六分の地震発生の翌日、一二日の午後三時三六分、福島第一原発一号機の原子炉建屋の最上部にあるオペレーションフロア（サービスフロアとも呼ばれる）が、水素爆発で吹き飛んだ。その翌々日の一四日の昼前、今度は三号機でも同様の、しかしより激しい水素爆発が起きた。このときは、官房長官のいわば安全宣言付きの爆発予告まであった。さらに翌日の一五日の早朝には四号機で火災が起き、またそれとほぼ同時刻に二号機の圧力抑制室付近で水素爆発らしきものが起きた。

これら一連の爆発や火災の中でもっとも気になったのは、地震発生から二五時間足らず、早々に水素爆発を起こした一号機だった。全交流電源を喪失した原発が水素爆発を起こすまでのプロセスはある程度思い描けたが、それにしても速すぎた。爆発までのあの速さはいったい何を物語るのか？　少なくとも一号機には何か特別なことが起きなかったか？

私の記憶違いでなければ、ある程度まとまった形で各号機の圧力や水位などが示されるようになったのは、原子力災害対策本部が三月二〇日過ぎあたりから首相官邸ウェブサイトにアップしはじめた「平成二三年(二〇一一年)福島第一・第二原子力発電所事故について」という事故日報のような文書に附帯する「別添一」においてではなかったかと思う。その別添一に列記されていた一号機の「運転パラメータ」(原子炉水位、原子炉圧力、格納容器圧力など)を見て私は驚愕した。たとえば原子炉水位。地震が起きて一二時間しか経っていない一二日深夜二時四五分に、原子炉水位がなんと核燃料棒最上部まで「わずか」一メートル三〇センチのところまで下がっていた。

原発技術者たちは核燃料最上部を「有効燃料頂部」と呼ぶ。あるいは、それに対する英語の略記「ＴＡＦ」を使う。通常、原子炉水位はＴＡＦより約五メートルも上にあるから、一号機の場合、地震が起きて一二時間のうちに、高さにして約三メートル七〇センチぶんの水（冷却材）が原子炉外へ消えたことになる。原子炉内部にはけっこういろいろな物が入っているから、水位の変化だけで消えた水の量を正確に割り出すことは難しい。しかし原子炉の直径は約四・八メートルもある。おそらく二、三〇トンぐらいの水が、どこかへ消えたはずだ。

それればかりではない。その後も原子炉水位は下がりつづけ、一二日の朝の八時にはついにＴＡＦから四〇センチ下まで降下し、水素爆発が起きる約二時間前の一二日午後一時半過ぎには、なんとＴＡＦから一メートル七〇センチも下にあった。燃料棒の長さはおよそ四メートルだから、そのとき燃料棒の全長の四〇％強が水面から上に出ていたことになる。なぜ一号機はこれほど速く原子炉水位が降下したのか。

別添一には二号機、三号機の運転パラメータも記されていた。二号機、三号機の水位の変化もけっして〝正常〟ではなかった。とくに三号機のそれはかなり異常だった。しかし二号機も三号機も、少なくとも一二日に原子炉水位がＴＡＦを切ることはなかった。

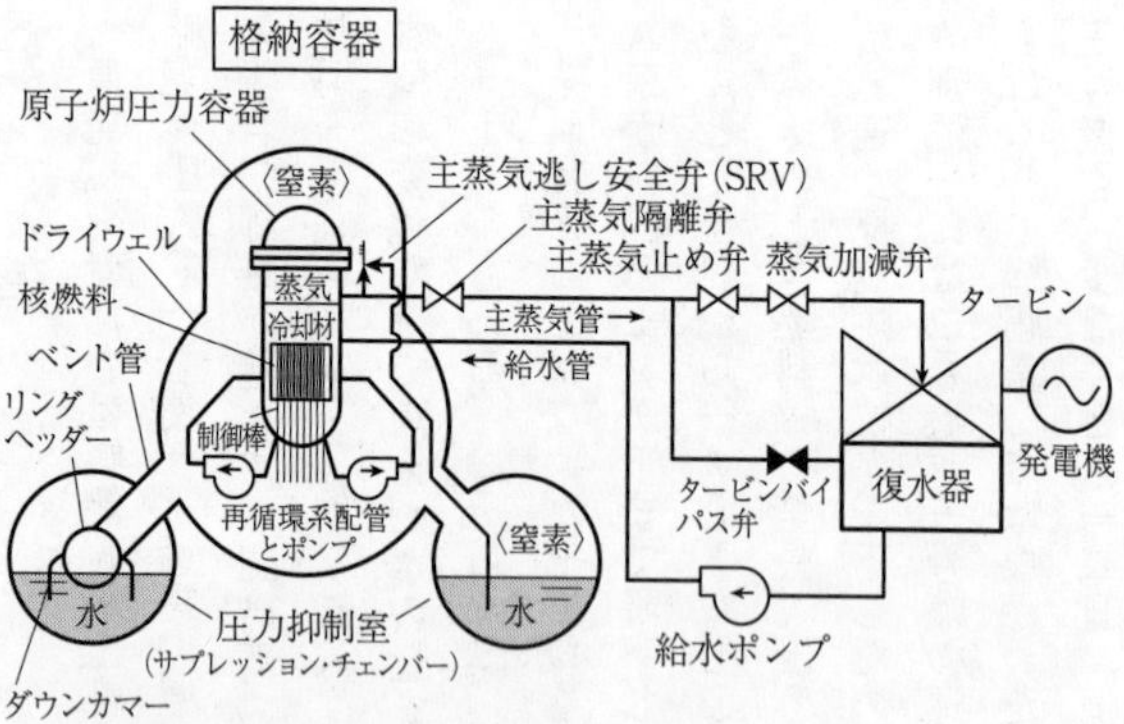

図1　東電福島第一原子力発電所1号機　水・蒸気概略系統図

原発の基本的な仕組み

図1は福島第一原発一~五号機の、運転中の水と蒸気の流れの概略を示している(六号機もほぼ同じだが、格納容器の形が大きく異なる)。この種の概略系統図は新聞やテレビでも再三登場していたが、見るときに一つ注意がいる。こうした図は実際の配管の本数をあらわしていないし、配管や弁や機器の正しい位置関係をあらわしているわけでもない。たとえば、この図には主蒸気管が一本しか描かれていないが、実際には四本ある。再循環系配管にいたってはタコの足のように多くの配管で構成されている。また原子炉圧力容器の上部から出た蒸気がそのまま水平にタービンに向かうように思えるが、実際には、原子炉圧力容器を出た水蒸気は原子炉圧力容器の壁に沿うように、まず真下に降りる。

原発の原理そのものは比較的単純だ。沸騰水型の場合、まず、原子炉圧力容器の下方に収められている核燃料が連鎖的に核分裂反応を起こし、その際発せられる莫大な熱エネルギーによって原子炉圧力容器内の水（冷却材）の一部が沸騰して蒸気になる。その蒸気がタービンを回し、タービンと連結している発電機が回転し、電気が生み出される。一方、仕事をした蒸気は復水器の中で海水によって冷却されて水に姿を変え、給水ポンプの力を借りてふたたび原子炉圧力容器へ戻る。

運転中の冷却材圧力は約七・〇メガパスカル（約七〇気圧）、原子炉圧力容器の中で生み出される蒸気の温度は二八五度である。原子炉圧力容器の大きさは原発の出力などによって異なる。電気出力四六万キロワットの一号機の原子炉圧力容器の内径は約四・八メートル、高さは約三〇メートル、七八・四万キロワットの二、三号機のそれは内径が約五・六メートル、高さが約三二メートルだ。なお、似た言葉に「原子炉」がある。原子炉は厳密には容れ物ではなく〝装置〟を意味している。しかし実際には、原子炉圧力容器という容れ物の意味で使われることも少なくない。

MarkⅠ型格納容器とその圧力抑制機構

後の重要な議論のために、図1に描かれているもう一つの重要な容器、「格納容器」について少し詳しく説明しておきたい。格納容器は大きくは二つの部分からなる。一つは、巨大なフラスコのような形の「ドライウェル」、もう一つは、そのドライウェルの底部をぐるりと取り囲んでいる巨大なドーナツのような形の「圧力抑制室」である。圧力抑制室には多数の呼称があり、「ウェットウェル」、「サプレッション・チェンバー」と呼ばれたり、その形から「トーラス」(円環体)と呼ばれたりもする。しかし厳密には円環状構造物ではない。一六個の円筒を、互いに少しずつ角度を付けて現地で溶接しながら組み立てた構造物で、上から眺めると全体として正一六角形になっている。ドライウェルと圧力抑制室とは、「ベローズ」という蛇腹状の〝柔《やわ》い〟構造を介して、八本の太い「ベント管」で結合されている。ベローズを使うのは、ドライウェルと圧力抑制室の温度差に伴う相対的な変位(動き)を吸収するためだ。

格納容器は、原子炉圧力容器を出入りする配管(以後これを「原子炉系配管」と呼ぶ)が破断したり破損したりして冷却材が漏出してしまうような事故——冷却材喪失事故(それに対する英語Loss of Coolant Accidentの頭文字をとってＬＯＣＡとも記される)——が起きたときに、放射性物質が外環境にまき散らされないようするために存在する。また、そのような事故時に内部で水素爆発などが起きないように、原発の運転中、格納容器には不燃ガスである窒素が封入されている。なお、原発が正常に運転されているとき、格納容器の圧力は、われわれの生活空間とほぼ同じ一気圧（厳密に言えば、一気圧よりほんのわずかに少ない圧力）である。

格納容器は、大小さまざまな原子炉系配管のうち最大径の配管が完全破断した場合――すなわち、冷却材が最大流量で放出されるような冷却材喪失事故――を想定し、そのときの最大過渡圧力と過渡温度に耐えられるように構造設計される。福島第一原発の一〜五号機で使われている格納容器は、MarkⅠ型と呼ばれる古い格納容器で、設計圧力は〇・四メガパスカル（約四気圧）前後、

福島第一原発 1〜5 号機で使われているのと同じ Mark I 型格納容器（米ブラウンズフェリー原子力発電所建設中），手前のお椀状のものが格納容器の上蓋
出所：Tennessee Valley Authority ホームページ（http://www.tva.com/）

設計温度は一四〇度前後だ。

仮に最大径の配管が完全破断した場合、ドライウェルには一気に大量の蒸気が噴出するだろう。その蒸気は猛烈な勢いでベント管を通り抜け最終的に圧力抑制室内の大量の冷水――サプレッション・プール――の中に導かれて水になり、体積凝縮が起こる。こうして、ドライウェルの圧力は四気圧以下に抑制される。格納容器の設計圧力が〇・四メガパスカルとはそういう意味だ。

しかし、後述するように、福島第一原発一号機においてはドライウェルの圧力が短時間のうちに設計圧力を大きく超え、一気に〇・七四メガパスカル(約七・四気圧)まで上昇した。それはいったいなぜか? 最大径の原子炉系配管が完全破断しても四気圧を超えないはずなのに、七・四気圧まで上昇したとはどういうことか? 圧力抑制機構が少しも期待どおりには機能しなかったように私には見える(これについては、この先の一号機事故経過分析の中で再度取り上げる)。

確かにこれだけ圧力が高くなると巨大な格納容器全体が一瞬で大破壊して飛散する可能性が出てくるから、国は「ベント」(ガス放出)を強行した。新聞やテレビがこのベントに伴う放射性物質の大気放出に注意を向けたのは当然のことだが、なぜ設計圧力を大幅に超える圧力が格納容器に生じたかに目を向けるメディアは皆無だった。

ステーションブラックアウト、またはSBO

東電の公表資料にしたがうなら、三月一一日午後二時四六分、福島第一原発は東北地方太平洋沖地震による激しい揺れに襲われた。それにより、運転中だった一～三号機はただちに自動的に緊急停止した。つまり、燃料棒を何本も束ねた燃料集合体の間に制御棒が自動的に挿入され、各号機の核分裂反応が停止した。

一方、同じ午後二時四六分に「外部電源」が喪失した。緊急時に使われるいくつものポンプ類は発電所の外部から供給される電力に頼っている。福島第一原発の場合、一～四号機は東電・新福島変電所からの「大熊線」経由で供給される電力に、五、六号機は「夜《よ》ノ森線」経由で供給される電力に、それぞれ頼っているが、地震発生と同時に大熊線からの所内受電設備が損傷したり、夜ノ森線からの受電鉄塔が倒壊したりするなどして、結局、福島第一原発全体として外部電源喪失に陥った。しかし、外部電源喪失に陥るとすぐ――正確には午後二時四七分に――一～三号機にそれぞれ二台ずつ設置されている非常用ディーゼル発電機が自動的に起動した（地震時に定期検査中だった四～六号機の非常用発電機も自動起動しているが、詳しい説明は省略する）。

しかしその約五〇分後、あの〝想定外〟の出来事が起きた。福島第一原発に大津波が襲来し、東電の報告書によれば、非常用ディーゼル発電設備または関連機器が「被水または水没」により使用不可になった。かくして一一日午後三時三七分に一号機が、同三八分には三号機が、そして同四一分には二号機が、すべての交流電源の使用不可を意味する「全交流電源喪失」(ステーションブラックアウト、SBO)という危機的状態に陥ったとされている。

冷却材喪失事故は起きなかったか

あくまで福島第一原発事故はこのSBOからはじまった、とするなら、それは「すべては大津波による」という表明である。しかし、SBOより前に何か重大なことが起きてはいなかったかという考え方も、当然ある。いや、あるというより、なければならない。

なるほど、東電が五月一六日に公表した一連のデータ(後述)からは、地震発生直後に原発は正常に緊急停止し、外部電源喪失直後には非常用ディーゼル発電機が正常に起動したように読み取れる。たぶん、それはそうなのだろう。しかしそうだとしても、それによって、あの長時間の激しい揺れ(Ⅱ－4章参照)の中で原子炉系配管の一つ(またはいくつか)が破断したり破損したりした可能性が否定されるわけではない。二つはまったく別の話である。福島第一原発事故の開始点をＳＢＯとするか、それともそれより前とするかで、原発の安全性（あるいは危険性）に対する見方は根本的に違ってくる。

すでに書いたように、原子力災害対策本部は三月二〇日過ぎあたりから福島第一原発の「運転パラメータ」を首相官邸ウェブサイトにアップするようになった。私は、そのパラメータ（原子炉水位、原子炉圧力、格納容器圧力など）を「エクセル」に入力し、いろいろなグラフをつくりながら、なぜ一号機の原子炉水位が急速に降下したかをあれこれ考えた。そして最終的に、一号機では原子炉系配管が長時間の激しい揺れに耐えられずに破損し、原発事故の中でももっとも恐れられてきた仮想事故――配管の破断や破損による冷却材喪失事故（ＬＯＣＡ）――が起きた可能性が高いと推断した。そしてそれをまず月刊誌『世界』五月号に、ついで『科学』五月号に書いた。それぞれの原稿締切時点で公表されていた運転パラメータや関連情報がきわめて限定的だったから、どちらにおいても科学的に十分説得力をもった推論を展開できたわけではなかった。しかしその推論の重要な柱の一つである「格納容器最上部のフランジ部からの蒸気漏出」（後述）を、最近東電も想定しているし、いまでは誰もが疑わない一号機のメルトダウンや、それに伴う制御棒貫通孔溶接部分の破損なども推測しており、論述の方向そのものに大きな過誤はなかった。

改めて、LOCA仮説を検証する

私が提起している原子炉系配管破損による冷却材喪失仮説にとって不可欠とも言うべき基本的な情報は、地震が起きる直前から地震発生後五、六時間ぐらいまでのさまざまな運転パラメータだが、とくにそれらはいまもほとんど公表されていない(そういうデータが存在するのかしないのか、東電はその点を明確に説明していない)。

とは言え、関連する情報に関して大きな前進があった。福島第一原発事故発生から二カ月以上過ぎた五月一六日、東電は、地震発生直前から大津波襲来の前後あたりまでの「過渡現象データ」や「警報発生記録等データ」、中央制御室内のホワイトボードのメモ、運転日誌、各種の弁や機器類の操作実績などを公開した。またそれらと合わせて第一原発一〜三号機の「運転パラメータ」の〝改訂版〟を公開した。

そこで、公開されたそれらの情報をもとに一号機で原子炉系配管の破断または破損によるLOCAが起きたかどうかを検証し直してみた。なお、私がここで言う「破断」は配管が完全に断ち切られた状態を、「破損」は配管に部分的に貫通亀裂や開口部が生じている状態を、それぞれ意味している。

(1)原因はLOCAか、SRV開閉か

さて、図2は地震発生後の「原子炉水位」と「格納容器の圧力」の変化である。そのうち原子炉水位に関してまず目に付くのは、地震発生後約六・七時間(正確には三月一一日午後九時三〇分)での水位の低さだ。TAFまで四五センチしかない。すでに述べたように、通常は約五メートルだから、六時間四四分で約四・五メートルも水位が降下したことになる。なぜこれほど速く水位が降下したのか? 考えられることは、大きくはつぎの二つである。

一つは、長く激しい地震動による原子炉系配管破損によるLOCAが起きたということ。具体的には、主蒸気管、再循環系配管、そして後述する非常用復水系配管などの破損が頭に浮かぶが、特定することは不可能だ。まったく別の配管かもしれない。

またLOCAと言っても、はじめのうち、その程度はそれほど大きくはなかったかもしれない。しかし七・〇メガパスカル(約七〇気圧)という高圧の冷却材が破損部から流出(噴出)しつづけるうちに破損部が〝なめられて〟次第に大きく口を開け、それに伴って流出量も増えるというのは、火力発電や化学プラントの圧力配管の破損でもよく見られること。つまり、はじめのうちは小規模LOCAで、時の経過とともに中規模LOCAへと移行したかもしれない。

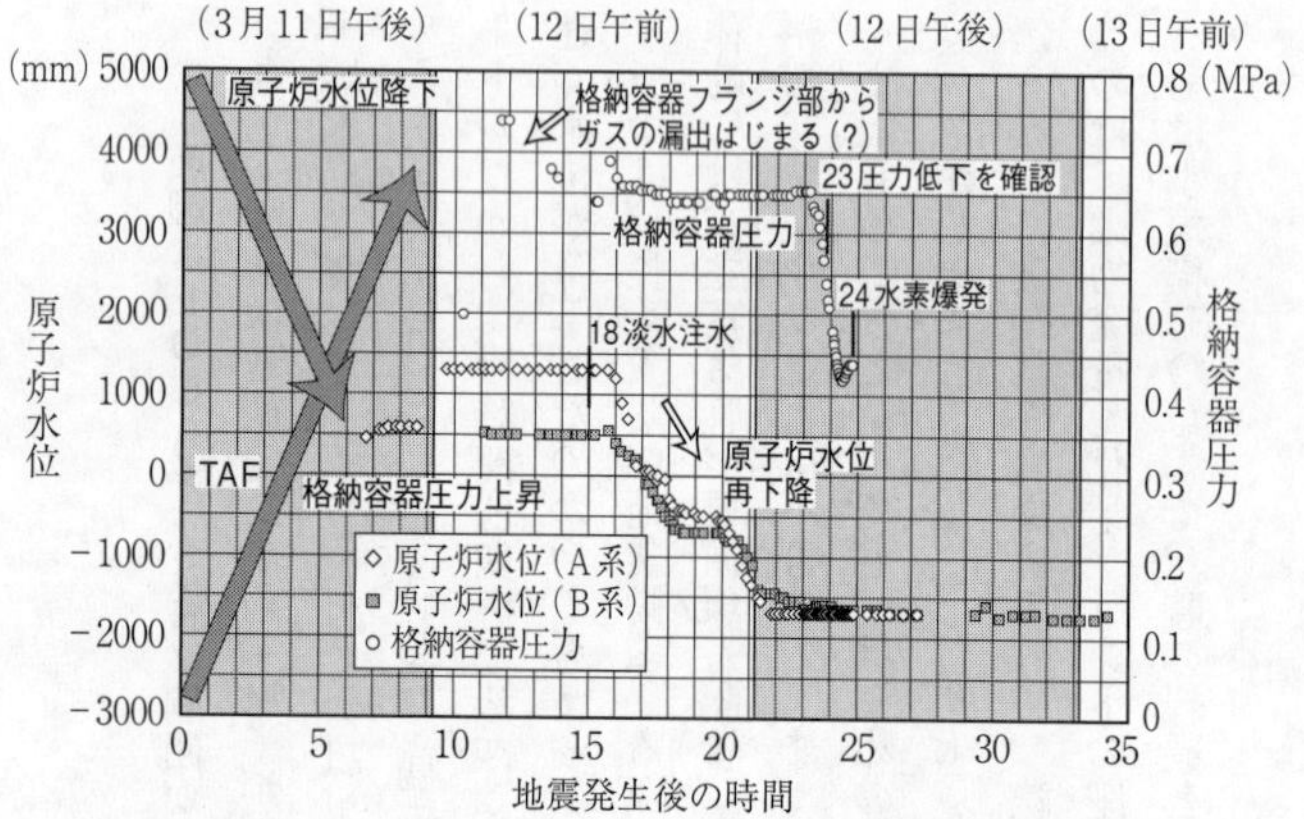

注：MPa はメガパスカル．図中の数字はイベント番号(表参照)．東電発表の格納容器圧力データは「絶対圧」だが，本図及び図4では「ゲージ圧」(大気圧分を引いた相対的な圧力)に直して表記している．東電資料を基に筆者作成

図2　原子炉水位と格納容器の圧力

いずれにしても、原子炉系配管の破損によって、図2中の大きい矢印のような原子炉水位の急速な降下が起きたかもしれないと考えることに、大きな妨げはないだろう。

二つ目は、地震発生直後から約六時間の間、「主蒸気逃し安全弁」(以下、SRV)が〝自動的に〟、そしてもしかすると頻繁に、開閉動作をしたかもしれないということ(付け加えれば、原子炉水位がかなり低い状態では「自動減圧」装置としてSRVが作動した可能性もある)。

地震発生直後の緊急停止で核分裂反応が停止しても、よく知られているように核分裂生成物による「崩壊熱」によって原子炉圧力容器の中では蒸気の発生が継続する。しかし緊急停止後すぐに主蒸気隔離弁が作動し、タービンへ向かう蒸気ラインを閉じてしまう。その結果、行き場を失った蒸気のために原子炉圧力が上昇していく。したがってそのまま放置すると、原子炉圧力容器そのものが大破壊を起こす危険性が出てくる。その危険性を回避するために、SRVがある。SRVは四本の主蒸気管それぞれについている。一号機の場合、公的資料を調べるとSRVは原子炉圧力が約七・五メガパスカル(約七五気圧)に達すると自動的に開き、ある値(筆者の推定では約六・九メガパスカル＝約六九気圧)まで下がると自動的に閉じるようになっている。

もしSRVが自動的に作動していたなら、つぎのように作動したにちがいない。まず緊急停止後しばらくして崩壊熱により原子炉圧力が高まり、やがて七・五メガパスカルに達する。すると四個のSRVが自動的に開き、かなりの量の蒸気がその先の太い配管に吸い込まれるようにして圧力抑制室の水中まで導かれる。その結果、体積凝縮によって原子炉圧力が低下し、やがて六・九メガパスカルになり、四個のSRVが閉じる。しかしSRVが閉じるとふたたび崩壊熱により原子炉圧力が高まり、七・五メガパスカルまで上昇し、SRVが開き、大量の蒸気が圧力抑制室の水の中まで導かれ……と、同じパターンが何度か繰り返される。その結果、最終的に大量の冷却水が原子炉から圧力抑制室に〝流出〟し、そのぶん原子炉水位は降下する。もし地震発生直後あたりから約六時間半の間に、このようなSRV自動開閉動作が何度か繰り返されたのであれば、六時間半後、原子炉水位がTAFの上四五センチまで降下していても不思議ではない。しかし、東電が五月一六日に公開した過渡現象記録をはじめとする一連のデータは、このようなSRV自動開閉動作が〝起きなかった〟ことを強く示唆している。つぎにそれについて述べる。

(2)一号機原子炉圧力が上昇した形跡がない

ここに掲げた表は、一号機に何が起きたかを推測する上で重要と思われるイベントを、東電公開データから私が主観的に選んでまとめたものである。この表のイベント6、7、12、13、15、17は、一号機にだけ備えられている「非常用復水器」(Isolation Condenser 以下、IC)と呼ばれる、かなり原始的な「崩壊熱除去」装置の動作あるいは操作状況だ。そして図3はそのICによる崩壊熱除去の仕組みを説明したものである。

ICにはA、B二系列ある。どちらの系にも合計四個の弁(1A~4A、1B~4B)があって、そのうち3Aと3Bを除くすべての弁が「常時」開いている。そして今回のように原発が緊急

表　地震発生から海水注水までの重要イベント(福島第一原発1号機)

日時分	地震発生からの時間(Hr)	イベント番号	重要イベント
3.11 14:46	0.00	1	地震発生
14:46	0.00	2	自動スクラム成功
14:46	0.00	3	格納容器の温度，圧力，上昇開始
14:47	0.02	4	主蒸気隔離弁閉
14:47	0.02	5	非常用ディーゼル発電 A, B 起動
14:52	0.10	6	非常用復水器(IC)A 系，B 系，自動起動(※1)
15:03	0.28	7	IC 3A, 3B 弁閉
15:04	0.30	8	格納容器スプレイ B 系起動(※2)
15:11	0.42	9	格納容器スプレイ A 系起動(※2)
15:37	0.85	10	津波襲来，全交流電源喪失(SBO)
17:50	3.07	11	IC 作業撤収．放射線モニタ指示値，上昇のため
18:10	3.40	12	IC 2A, 3A 弁開／蒸気発生確認
18:25	3.65	13	IC 3A 弁閉
21:19	6.55	14	ディーゼル駆動消火ポンプ(D/D-FP)のラインナップ実施
21:30	6.73	15	IC 3A 弁開
21:35	6.82	16	D/D-FP から水を供給中(※3)
3.12 1:48	11.03	17	D/D-FP を確認したところ、燃料切れでなくポンプ不具合により供給停止(※4)
5:46	15.00	18	消防ポンプによる淡水注水開始．同日 14 時 53 分まで断続的に 80 トン注水
9:15	18.48	19	現場にてベントライン MO 弁手動開(25%)
9:30	18.73	20	当該 AO 弁現場操作を試みるも高線量で断念
10:17	19.52	21	中操にて圧力抑制室側 AO 弁操作，失敗
14:00	23.23	22	AO 弁駆動用仮設空気圧縮機を設置
14:30	23.73	23	格納容器圧力低下を確認
15:36	24.83	24	原子炉建屋最上部付近水素爆発
20:20	29.57	25	海水およびホウ酸による注水開始

(※1)A 系，B 系とも自動起動したことがアラームタイパに記録されているが，東電は 5 月 24 日の会見で，「B 系はいっさい作動しなかった」ことを強調している．(※2)起動時刻は東電公表のグラフから読み取ったものなので，「分」には多少の誤差がありうる．(※3)東電の「各種操作実績取り纏め」を読むと，IC 操作の項目にこう記述されているので，D/D-FP からの水の供給先は IC 用のタンクと思われる．(※4)これにより，IC はこのあとほとんど機能しなかったと思われる．実際，3月12 日午前 4 時発表の東電プレスリリースにも，「非常用復水器で原子炉蒸気を冷やしておりましたが，現在は停止しております」との記述がある

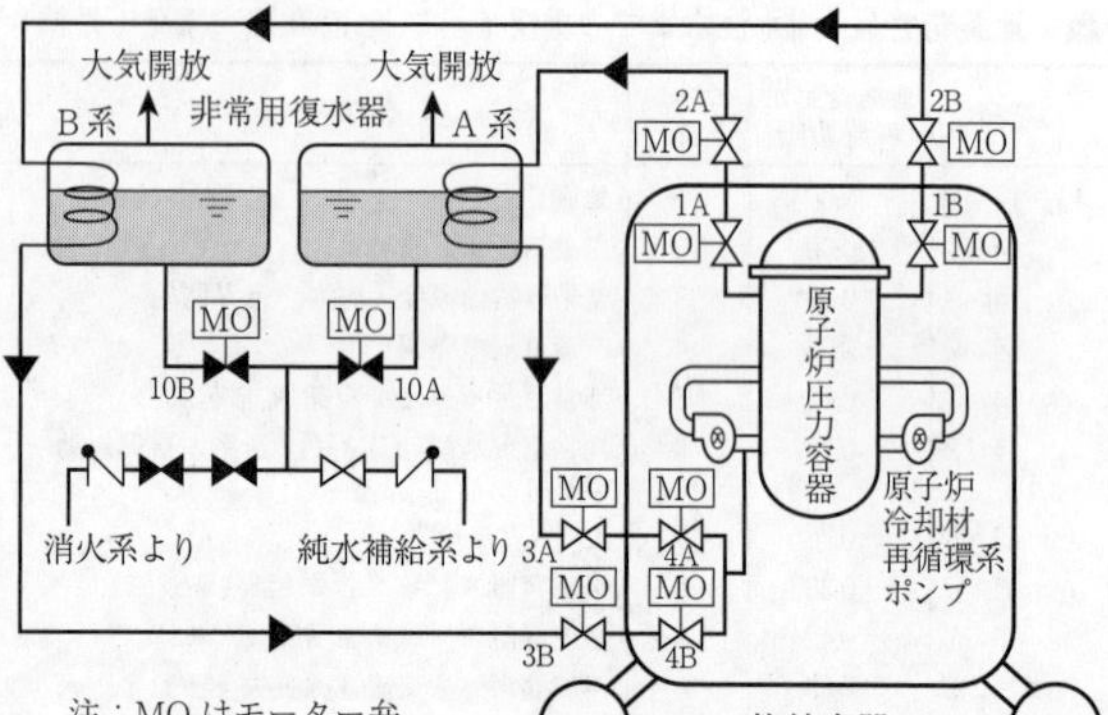

注：MOはモーター弁
出所：東電資料

図３　非常用復水器系統図

停止し、崩壊熱で原子炉圧力が上がりはじめると、それを感知して弁３Ａ、３Ｂが自動的に開き、水と蒸気の自然循環がはじまる。原子炉圧力容器から出た蒸気はＩＣのタンクに向かい、そこで冷却されて水になって体積凝縮し、原子炉圧力が下がる。つぎにその水は、原子炉圧力容器の下部の再循環系配管を経由して原子炉圧力容器に戻る。このように、ＩＣが起動すると崩壊熱で高まった原子炉圧力が減じられるだけでなく、温度の低い水が原子炉に戻ってくるので、冷却材の温度も下がる。

　さて、表を見ると、地震発生から六分後にＡ、Ｂ二系列のＩＣが自動起動していることがわかる(イベント6)。ところがその一一分後、なぜか運転員は手動で３Ａ、３Ｂの弁を閉じ(イベント7)、ＩＣを二系列とも停止した。

核反応の緊急停止直後で崩壊熱がもっとも大きく、それによる原子炉圧力の急激な上昇がもっとも心配される時間帯に、運転員がＩＣを二系列とも手動で停止してしまう――この事実は何を意味するだろうか。なぜ止めたのかについて、東電は、ＩＣの冷却効果が大きかったので運転員は「一時間につき五五度以上の温度変化を起こしてはならない」という運転規則にしたがって停止させた、などといろいろな場で説明しているが、もっともらしい出鱈目の説明と言わざるを得ない。一時間に五五度(セ氏)という温度変化率は、一〇〇年以上前から今日まで世界中のボイラーで使われ、原発の通常運転時や通常の起動停止時にも使われている、機器の熱疲労防止のための経験則であるカ氏一〇〇度／時を、日本用にセ氏に変換したものでしかない。したがって、外部電源喪失という「緊急事態」に従うべき運転規則などではない。もし緊急時にもそんな悠長な規則を護らねばならないということになったら、ＥＣＣＳ(緊急炉心冷却装置)も作動させられなくなる。

ではなぜ止めたのか。圧力の高まりがほとんどなかったのでＩＣを〝いま〟作動させる必要はないと判断し、停止させたと考えるのが自然だろう。ＩＣを長時間作動させると復水器の水温が上がり、やがて冷却機能が失われる。ＩＣは八時間以上作動しないことを熟知している運転員が、〝その後〟に起こるかもしれない非常事態に備えてとりあえずＩＣを止めたと考えるのが妥当だ。

その後、運転員は午後六時一〇分にＩＣを再起動するが(イベント12)、起動してわずか一五分後にふたたびＩＣを停止し(イベント13)、午後九時三〇分まで、一度も起動させていない。結局、地震発生の午後二時四六分から午後九時三〇分までの六時間四四分で、ＩＣが動作した時間の合計はわずか二六分だ。それだけではない。Ｂ系列のＩＣは地震直後に自動起動したものの、一一分後に停止され、その後はまったく動いていない。

こうしたことは、地震発生から午後九時三〇分まで、ＩＣを作動させねばならないような原子炉圧力の大きな高まり(上昇)はほとんどなかったことを意味するだろう。そしてもしそうであるなら、七五気圧で自動的に作動するようになっているＳＲＶが繰り返し作動するようなことはなかったと考えられるだろう。

「いや、ＳＲＶを運転員が手動で操作してはいないか?」と問われる読者のために付言しておけば、東電の公表資料「各種操作実績取り纏め」には、一号機のＳＲＶを手動で操作した実績は「なし」と明記されている。

では、なぜ大量の崩壊熱が発生していながら圧力がそれほど上がらなかったのか、ということになるが、いまやその答えは自明に思える。地震直後に原子炉系配管のうちのいずれか一本(または複数本)が破損し、そこから圧力が抜けていたということだろう。大口径の配管が破断したのであれば(つまり、大規模のLOCAであれば)原子炉圧力は急激に下がるが、中規模あるいは小規模のLOCAなら、崩壊熱による圧力上昇分があるので、ただちに目に見えるほど原子炉圧力が低下することはないだろう。ただし、すでに書いたように、はじめは小LOCAでも、徐々に破損部位が拡大して、圧力と水位の低下が顕著になってくる可能性はある。

(3)ICの再起動が原子炉圧力を急激に降下させた?

原子炉圧力と格納容器(ドライウェル)の圧力の変化を図4に示す。地震発生後五時間を少し過ぎた時点の原子炉圧力六・九メガパスカル(約六九気圧)と、地震発生後一二時間の原子炉圧力〇・八メガパスカル(約八気圧)の落差が目立つ。比較的短い時間のうちになぜこのような圧力降下が生じたのか。おそらくそれはICの操作と深く関係していよう。

運転員は午後九時三〇分(地震発生後約六・七時間)、三時間以上停止していたICを再起動した(イベント15)。いっこうに下がらない圧力を気にしたのか。それとも圧力が少しずつ上向きになりはじめたのか。しかしこの頃にはすでに水位がTAFのすぐ近くまで下がっていたから

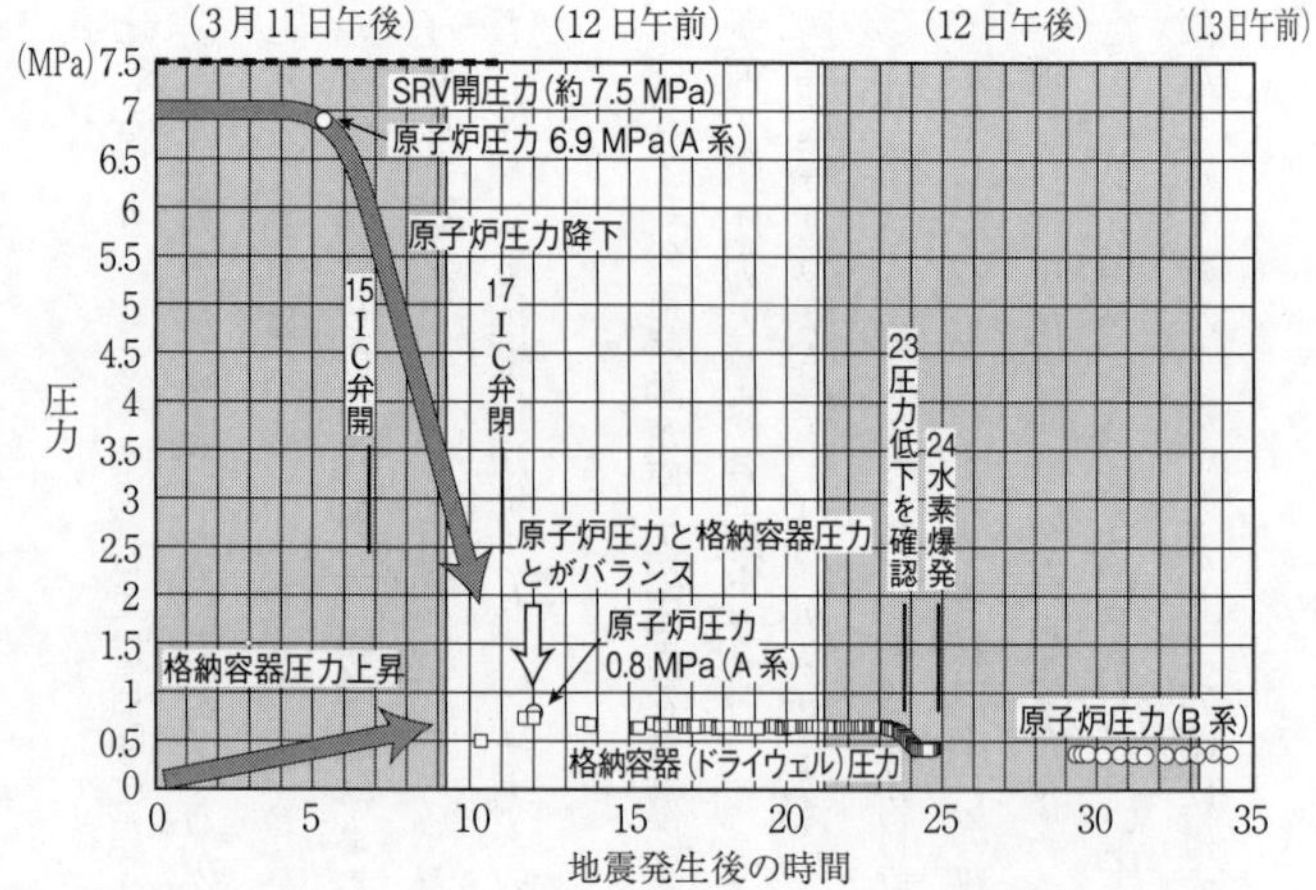

注：図中の数字はイベント番号(表参照)．東電資料を基に筆者作成

図4　原子炉圧力と格納容器(ドライウェル)圧力

(図2)、原子炉圧力容器の上半分以上が高温高圧の蒸気で満たされていた。そのような状態でICを起動しはじめたから、圧力が効果的に除去されはじめた。ディーゼル駆動の消火用ポンプ(D/D-FP)の不具合によりICが停止したのは一二日未明の午前一時四八分(イベント17)。ICは連続四時間以上動作していたことになる。記録が欠如しているので原子炉圧力が正確にはいつ〇・八メガパスカル(約八気圧)まで降下したかは不明だが、図4から、それは地震発生後一二時間以前だったことがわかる。

さて、図4にはもう一つ注目すべきことがある。それは同じ頃(地震発生後約一二時間)格納容器の圧力が〇・七四メガパスカル

（約七・四気圧）まで上昇していることだ。言い換えると、この頃に原子炉圧力と格納容器圧力がほぼ等しくなりはじめている。両者の圧力がバランスすると、原子炉系配管の破損部からの冷却材漏出はほとんど止まるにちがいない。実際、図2にあるように、このあたりから原子炉水位は約五時間、ほとんど変化していない。

（4）格納容器上部フランジからのガスの漏出

その変化しなかった原子炉水位が、一六時間後頃からふたたび急速に降下しはじめる。原因は何だろうか。私が注目するのは格納容器の圧力だ。前述のように、格納容器圧力は一二時間後あたりで〇・七四メガパスカル（約七・四気圧）まで上昇してきている。設計圧力（約四気圧）を大きく超える異常な圧力だ。そしてそのために、格納容器上部にある巨大な上蓋（前掲の写真とその説明文を参照）と格納容器本体とを多数のボルトで結合しているフランジが高い圧力に耐えられずに微少だが変形し、そのためフランジ部に隙間が生じ、そこから格納容器内のガスが漏れはじめたと思われる。図4において、一二時間後あたりから一五時間後にかけて格納容器圧力が突然低下傾向に入っているのは、そのためだろう。

こうして、原子炉圧力と格納容器の圧力バランスが崩れる。そしてそのために、ふたたび原子炉系配管の破損部から冷却材が漏出しはじめたと推測される。

(5)なぜ格納容器の圧力が異常上昇したか

すでに何度も書いたように、福島第一原発一〜五号機で使われているＭａｒｋ Ｉ型格納容器の設計圧力は約四気圧である。この設計圧力は、最大口径の原子炉系配管が完全破断した場合を想定し、それをもとに設定されている。では、その設計圧力を大幅に超え、最大七・四気圧まで上昇してしまったのはなぜか？

そもそも格納容器の圧力が上昇した原因が何かと言えば、「時間的に長く激しい地震動による原子炉系配管の破損による冷却材喪失事故」にあったと私は考えている。実際、その傍証とも言える事実がある。それは、前出の表に記したイベント8と9の「格納容器スプレイ系起動」である。どちらも「地震発生後、半時間以内」、つまり、津波襲来以前のことだが、この格納容器スプレイ系こそ、「冷却材喪失事故」が発生したときに格納容器の温度と圧力を減じるために自動的に起動する設備なのだ！

地震発生から約一八分後に、Ａ、Ｂ二系列ある「格納容器スプレイ」のうちまずＢ系列が、ついでその七分後にＡ系列が、それぞれ起動していることがわかる。そして以後、Ａ、Ｂ両系列合わせて毎秒四〇〇リットルという猛烈な量の水が格納容器内に噴霧されつづけている（記録がないので、いつまで噴霧されつづけたかは不明である）。

これに関して東電は、「東北地方太平洋沖地震発生当時の福島第一原子力発電所運転記録及び事故記録の分析と影響評価について」という文書（五月二三日公表）の中で、格納容器スプレイは「圧力抑制室プール水の冷却を行うために起動したものと推定される」と、自動起動ではなく運転員が意図的に手動で起動したかのような説明をしている。しかし運転記録をよく調べてみると、そのときの圧力抑制室の水の温度は二〇度だ。二〇度の水を冷却するとはいったいどういうことか？　東電の説明は意味不明である。

さらに、地震直後から一号機の格納容器の温度と圧力が突然上昇しはじめているが、この事実を東電は、外部電源喪失による「格納容器空調停止に伴う温度上昇」と説明する。たとえ、はじめの一七分間はそうだとしても、その後、格納容器スプレイが二基起動し、大量の水を格納容器内にばらまいていたのだから、空調停止で温度が上昇したという東電の説明はとても受け入れられるものではない。大量の水を噴霧してもなお、格納容器の温度が上昇していく理由を別に探す必要がある。

問題を元に戻して、なぜ格納容器の圧力は七・四気圧まで上昇したのか。格納容器についての説明のところですでに詳しく述べたように、冷却材喪失事故が起きた場合、噴出した冷却材は蒸気となって圧力抑制室内の水(サプレッション・プール)の中に入り、そのため格納容器の圧力の上昇が抑制されることになっている。しかし、もし蒸気がサプレッション・プールまでうまく導かれなかったらどうなるか。蒸気が水にならないから、体積凝縮が起こらず、そのため格納容器の圧力がどんどん上昇していくだろう。

長く激しい地震動により、圧力抑制室の中にあるリングヘッダー(以後図1参照)やリングヘッダーとベント管との接合部などが破損し、その結果、抑制機構がほとんど機能しなくなったのかもしれない。

別の重要な指摘もある。元東芝の格納容器設計技術者で、福島第一原発の三号機、五号機、東北電力・女川《おながわ》一号機、中部電力・浜岡一〜三号機などの格納容器の設計に関わった渡辺敦雄氏(現・沼津高専特任教授)は、余震の際に、サプレッション・プール(水)が激しく揺れ動き(スロッシング現象)、そのため、ドライウェルからベント管を通り抜け圧力抑制室に入ってきた大量の蒸気を水の中まで誘導するためのダウンカマーの先端が水面から上に出てしまい、そこから蒸気が圧力抑制室上部に噴出して滞留し、その結果、格納容器の圧力が異常に高くなったのではないかとみている。このように指摘する渡辺氏もまた、一号機では配管破断が起きたのではないか、と述べている（渡辺氏の見解の詳細は、二〇一一年六月一〇日の原子力資料情報室配信のUstreamで知ることができる）。

もともと、福島第一原発の一～五号機で使用されているようなＭａｒｋ Ｉ型格納容器の圧力抑制機構は、冷却材喪失時に猛烈な勢いでドライウェルから流れ込んでくる窒素（すでに述べたが格納容器の中には常時窒素が封入されている）と蒸気の動的な荷重に耐えられるのか、地震時のスロッシングにはどうか、といった「未解決問題」を抱えていた。一九八〇年、米原子力規制委員会（ＮＲＣ）はこの未解決問題に対する安全評価報告書をまとめた（NUREG 0661/Mark I Containment Long Term Program）。そしてこうした米国の動きを受け、日本の原子力安全委員会も遅まきながら一九八七年一一月に「ＢＷＲ・Ｍａｒｋ Ｉ型格納容器圧力抑制系に加わる動荷重の評価指針」なる原子力安全委員会決定を出した。東電はこの指針を、六〇年代半ばから七〇年代前半にかけて設計された福島第一原発の古い格納容器に具体的にどう反映したのか、とくに地震時に対してどう評価していたか、このことが徹底的に調査される必要がある。

東電は、「格納容器の圧力が異常に高くなったのは、圧力抑制室の水を海水で冷却するシステムが津波で使えなくなり、水温が上昇したから」などと記者会見などで説明しているようだが、ナンセンスである。原子炉から圧力抑制室に回った冷却材の総量はせいぜい数十トン、それに対して圧力抑制室内の水の総量は一七五〇トンもある。大雑把な計算だが、崩壊熱を考慮しながら圧力抑制室の水温上昇を試算してみると、せいぜい五～一〇度である。その時点では、冷却などまったく必要がない程度の温度上昇だ。一方、これも大雑把な計算だが、圧力抑制機構が働かなかったとするとドライウェルの圧力は八・四気圧になり、記録された圧力とだいたい一致する。

(6)水素爆発

最後に、水素爆発についても簡単に触れておきたい。図2にあるように、皮肉なことに、淡水注入(イベント18)直後から原子炉水位が再下降し、TAFを横切った。そのため燃料棒表面(燃料被覆管)のジルコニウム合金が高温になり、炉内の水蒸気と反応して水素が継続的に発生した。その水素は、原子炉系配管の破損部から蒸気とともに漏出した。水素は軽いので格納容器最上部へ向かう。そして、すでに蒸気の漏出がはじまっていたフランジ部から、オペレーションフロアに入る。三月のオペレーションフロアの室温は低い。オペレーションフロアに入った蒸気はそこで水になる。こうして湿度が下がり、水素爆発の環境が整う。そして大爆発が起きた。

紙幅の関係で詳しくは書けないが、三号機の水素爆発も、基本的には同じようにして起きたのだろう。ところが、二号機は圧力抑制室の「外」で水素爆発が起きたと考えられている。では、なぜ「外」での爆発なのか。二号機の場合、たぶん主蒸気逃し安全弁経由で水素が圧力抑制室に回ったと思われる。ところが、たとえば圧力抑制室とドライウェルとの結合部のベローズが、あるいはトーラスの現地溶接部が、地震発生直後に、長くて激しい地震動で破損していたため、そこから水素が外に漏出し、爆発したものと推定される。

本章では、東電が公表した最新の文書やデータにもとづき、東電・福島第一原発一号機が、津波によってではなく地震動によって原子炉系配管が破損し、冷却材喪失事故を起こした可能性について論じた。また一号機の格納容器の圧力が設計圧力を大幅に超えて異常に上昇した現象、ならびに二号機の水素爆発が圧力抑制室の外で起きたことについてもざっと検討した。結論として、

- 一号機においては、地震発生直後に、なにがしかの原子炉系配管で小規模ないし中規模の冷却材喪失事故が起きた可能性がきわめて高い。
- 一号機の圧力抑制室の一部が地震発生直後に破損したか、激しいスロッシングが起き

ために圧力抑制機構が有効に作用しなかった可能性が高い。

- 二号機において、圧力抑制室の外で水素爆発が起きたのは、地震直後に圧力抑制室が損傷したためと推測される。

なお、本章では二、三号機についてほとんど触れなかったが、それはあくまで紙幅によるもので、「地震による問題はなかった」という意味ではない。本章はあくまで一号機をとおしての「耐震脆弱性」の指摘である。

追記　悪しきシミュレーションについて

福島原発事故に対する原子力災害対策本部は、二〇一一年六月のはじめに、同月二〇日から開かれるIAEA閣僚会議に提出する事故報告書(『東京電力福島原子力発電所の事故について』)を提出した。すでに本章の原稿を書き上げたあとなので十分なスペースをとって議論することはできないが、その報告書に記されている福島第一原発一号機に関するシミュレーションについて、ごく簡単に触れておきたい。

シミュレーションはMAAPと呼ばれる事故解析コードを使ってなされている。そのシミュレーション結果が衝撃的だったからか、ひとたびそれがテレビや新聞で報道されるや、多くの人が仰天しながらも、早くもそれを「事実」として受け入れはじめているように思える。報告書に記されているシミュレーション結果の要点を記すと、地震発生後約三時間で炉心露出、同約四時間で炉心損傷開始、同約一五時間で原子炉圧力容器破損、である。いわば超特急メルトダウンである。

どんなシミュレーションであれ、その結果は、ひとえにどのようなデータを入力したかにかかっている。このシミュレーションの担当者らは、おそらく、どうすれば格納容器の圧力を設計圧力より高い七・四気圧に上昇させることができるかに苦心したはずだ。彼らは、私が本章で論じたような、地震動による圧力抑制機構の破壊や機能喪失というストーリーを入力条件として選択しなかった。それを選択すると、原発の耐震脆弱性という問題を提起してしまうからだ。同じ意味で、配管破断という条件も論外だった。そういうものはすべて排除し、あくまで、長く激しい地震動にもビクともしない健全な原子炉圧力容器、健全な格納容器、健全な配管、健全な弁を初期状態とする健全な原発が、津波で全交流電源を喪失した場合に、格納容器の圧力が必然的に、しかも早期に、七・四気圧まで上昇するような入力条件を探し求めたということでしかない。具体的には、できるだけ早期にメルトダウンを起こさせて原子炉圧力容器に穴をあけ、そこから高温高圧のガスを噴出させることで、格納容器の圧力を異常に高くするモデルを模索したに過ぎない。

しかし、今回のシミュレーション結果は度し難い問題を抱えている。それは、シミュレーションによる水位変化が、実測された水位変化とまったく一致しないことだ。これに関して報告書は、「格納容器内が高温になることで水位計内の水が蒸発し、正確な水位を示していない可能性がある」と、実測された水位データを信用できないものとしてバッサリ切り捨てている。では、水位計の水が蒸発しているというなら、図2で、A、B二系列の水位計のデータが同じ下降傾向を示していることをどのように説明するのか。

シミュレーションで再現できない都合の悪いデータはすべて誤りとして切り捨て、都合のよいデータだけをことさら強調する。これは、典型的な悪しきシミュレーションと言わねばならない。

文責はもちろん私自身にあるが、「柏崎刈羽原発の閉鎖を訴える科学者・技術者の会」の仲間たちの鋭い洞察力なしに、本章を書き上げることはできなかった。皆様に感謝。

2　事故はいつまで続くのか

後藤政志

「冷やす」「閉じ込める」に失敗

福島第一原発では、運転中の一号機から三号機まで、核反応を「止めること」には成功したが、炉心を「冷やすこと」と放射性物質を「閉じ込めること」に失敗した。

原子炉の運転を停止した後も、核燃料は崩壊熱という大量の熱を発生するため、冷却を継続しなければならない。事故の詳細はいまだはっきりしていないが、制御棒を挿入し核反応が止まった後の早い時期に、例えば配管の破断や冷却系統の故障等により、原子炉圧力容器内の冷却水位が下がり、数時間以上燃料棒が露出して温度が上昇し、核燃料および炉内構造物が融け落ちる炉心溶融（メルトダウン）が起きたと推測される（あまり報道されないが、核燃料ばかりではなく炉内の構造物も一緒に溶け落ちている。量としてはむしろ後者の方が多いかもしれない）。

また、ジルコニウム製の燃料棒被覆管が水蒸気と反応して水素ガスが発生し、それが原子炉建屋内に蓄積して爆発し、建物の上部を吹き飛ばした。格納容器内には窒素ガスが封入されているため、格納容器内では水素爆発は起こらなかった。

一号機の格納容器の圧力は、三月一一日夜にはすでに設計上の限界圧力を超え、一二日未明にはその二倍近い圧力にまで増加しており、ガス抜き(格納容器ベント)が必要な事態になっていた。温度も、設計上の限界を相当超えていたものと思われる。こうした圧力、温度が加わり、格納容器にある多くの貫通部のシリコンゴムやエポキシ樹脂でシールしている部分から、放射性物質や水素を含んだガスが漏れ出ていた可能性が高い。プロセスはそれぞれ異なるが、結果として、一号機、三号機、四号機(定期検査で停止中であった)の原子炉建屋は水素爆発で吹き飛ばされ、大量の放射性物質が外部に放出された。圧力容器や格納容器内で大規模な爆発が起きなかったことは、不幸中の幸いである。

格納容器の役割は、配管が損傷するような事故時に放射性物質を閉じ込めることである(図1)。格納容器は、設計上、漏れ出る気体がある一定量(全体漏洩率)を超えないこととされている。三月一一日の時点で、格納容器は、一日あたりの全体漏洩率〇・五%を一〇倍あるいは一〇〇倍以上超えていたのではないか。そうでなければ、水素ガスや放射性物質の格納容器外への漏洩を説明できない。〇・五％以下に全体漏洩率を抑えておけば、敷地境界での放射線量が基準値を満足できる。逆に言えば、この値以上漏洩量があるということは、たとえ見かけ上健全であっても、格納容器としての機能は喪失していることになる。

ただし、今後の検証によるが、格納容器ベントに伴う操作ミスや、配管・ダクトに生じた隙間から、水素や放射性物質が格納容器外へ漏れた可能性も否定できない。

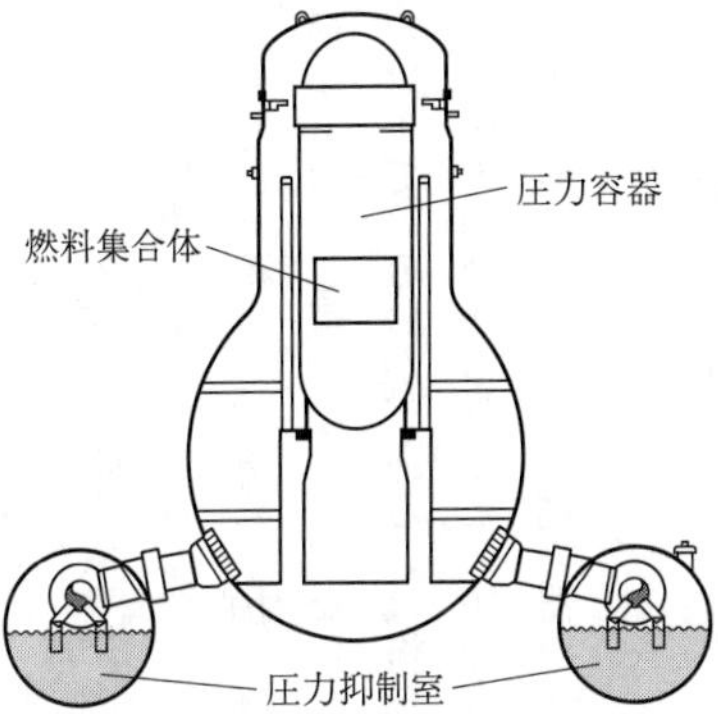

図１　原子炉格納容器

東電は事故から二カ月も経って、一号機から三号機まで、すべて炉心溶融を起こしていたと発表した。水位計の値が間違っていたので見直したとのことであるが、炉心溶融の可能性は、多くの外部の人には三月一二日から一三日頃には予測されていたことであり、あまりに遅い事実関係の把握と発表にはあきれるばかりである。

「溶融デブリ」はどこにあるのか

五月末の時点で、原発本来の機器による冷却機能および閉じ込め機能は喪失した状態が続いている。しかし原子炉の冷却は続けるほかない。そのため仮設の冷却システムを外部から消火系配管等につなぎこんで、不安定ながらも原子炉内に何とか水を注入しており、圧力容器周囲の温度も一〇〇度台まで低下してきている。

問題は、溶けた核燃料や炉内構造物（溶融デブリ）がどこにあるかである。溶融デブリは今後何年も冷やし続けなければならないが、それがまだ圧力容器内にあるのか、格納容器内にどれだけ出ているのか、あるいは格納容器の底をすでに抜けているのかなど、状況がつかめていない。圧力の値からみると、圧力容器に穴が空いており、炉心の放射性物質は格納容器内に出ている可能性が高い。格納容器自体も漏れているため、炉心は外界と直接つながっていて、現在も放射性物質を出し続けているという危険な状態である。

格納容器に水を入れて冷やし続ける必要があるが、ここでジレンマが生じている。冷却が不十分だと再び温度が上昇してしまい、冷却水を増やすと水蒸気が大量に出て圧力が上昇し、内部の放射性物質の放出量が増えるからである。

確実に安定した冷却を可能にするため、格納容器に水を満たす「水冠」にするという計画であった。しかし炉心溶融したことを東電が発表した後、格納容器の損傷があり水冠は不可能であることが判明した（当初から水冠には、格納容器の耐震強度上の不安もあった）。これにより閉じたループによる冷却水の循環はできないことがわかり、水が格納容器の外部に漏れ続けることを前提に、原子炉建屋の地下に溜まった水をポンプで汲み上げ、放射性物質を分離して原子炉にもどすことにした。そもそも二号機は、格納容器の圧力抑制室（図1に断面を示した大きなドーナツ型の水のタンク）に穴が空いていることがわかっていた。一号機、三号機もそれと同様の困難をかかえていることがわかったわけである。

使用済燃料プールの危険性

使用済燃料も、発熱量は比較的少ないとはいえ、炉心同様に冷却し続ける必要がある。しかし設備のポンプが壊れているため、外部から冷却せざるをえない状況がつづいている。

四号機は定期検査で停止中であったが、一三〇〇体以上の使用済燃料が保管されているプールで水素爆発が起きて損傷した。一三〇〇体は原子炉内に通常装荷されている燃料の二倍以上の量であり、崩壊熱が非常に大きく、万一プールが崩れ落ちて使用済燃料がばら撒かれると、そのままでは冷却できない状態になる。余震で崩れ落ちることが懸念されるため、補強の必要があるとしているが、まだ工事が完成していない。確実な補強に時間がかかるのであれば、仮設で緊急対策をしておくべきではないか。

水素爆発で原子炉建屋の上部が吹き飛んだ一、三、四号機では、使用済燃料がむき出しになっている。何らかの理由で冷却ができなくなると燃料が溶け出したり、あるいは竜巻や台風によって損傷する危険がある。

漏出し続ける大量の放射性汚染水

冷却用に注入した水は、破損した格納容器から、原子炉建屋やタービン建屋の下部に高濃度の放射性汚染水として漏出し続けている。発電所全体ですでに一〇万トンもの汚染水がタービン建屋の地下に溜まっており、年内にさらに一〇万トンもの汚染水が出るという。また梅雨や台風で雨が増えれば、原子炉建屋の屋根がないため、さらに汚染水が増えることになる。

格納容器が閉じ込め機能を失っている以上、放射性物質の確実な漏洩防止は望むべくもない。どこに亀裂が入っているかわからない建物に何カ月も高濃度の汚染水を放置することは、海や地下水への漏出の危険がある。後に陸上施設に戻して処理することにはなるが、液体の閉じ込め機能を持つ大型の船舶(メガフロートなど)に一時的に貯蔵し、汚染拡大を防ぐことが現実的な対処方法と思われる。

事故後、少なくとも二回、高濃度の汚染水が海に流出した。また、一時は高濃度の汚染水を貯蔵するため、相対的に濃度の低い汚染水を大量に海へ放出し、漁業関係者や海外から批判の嵐にさらされた。このとき、すでにメガフロートを手配しかけていたはずで、それが間に合わなくても他の船舶を使えば、汚染水の放出はしないで済んだはずだ。

陸上の水処理施設や、建物の周囲の地中に水をせき止める壁をつくることも検討されているとのことであるが、構築するまでに何カ月もかかるし、水のせき止め機能も限定的である。

事故後間もない段階で、大量の汚染水が出続けることはわかっていたはずである。そのため陸上タンクが間に合わない場合に備えて、バージ(大量輸送用のはしけ)を用いた一時的な汚染水の貯蔵を発表したが、まだ実現していない。静岡県から曳航してきたメガフロートの容量はせいぜい一万数千トンであり、一隻では到底足りない。

一説には、放射性物質を船舶に搭載することには法的な壁があるとのことであるが、たとえ超法規的な措置をとっても、これ以上の海や地下水の汚染拡大を防ぐべきであろう。現在われわれが持っているあらゆる技術を駆使して被害の拡大を防ぐことが最優先にされなければならない。事故発生直後の対応と同様、放射性物質の拡散に対する危機感が欠如しており、技術的な問題を総合的にコントロールする体制になっていないとの印象を受ける。

フランスの原子力メーカー、アレバ社が汚染水の処理技術を提供しているようだが、これだけ大量の汚染水をどこまで処理できるのかは結果で見るしかない。しかしどんな技術を使おうと、格納容器から外へ出てしまった放射性物質は元に戻せるわけではない。高濃度の汚染物と比較的低レベルの汚染物を分けて青森県六ヶ所村の再処理施設へ運び、今後半永久的に管理していくことしかできない。こうした汚染物質の処理すら企業の利益活動の一環になると考えると、原子力産業はきわめて深刻な矛盾を抱えていると言わざるをえない。

事故プラント廃炉のコスト

事故を起こした原子力プラントの解体は容易ではない。特に炉心溶融が起こった原子炉本体や、溶融デブリが移行した格納容器などは、放射線が強すぎて一〇年近く経たなければ調査すらできないであろう。事故を起こしていない老朽化した原子力プラントの廃炉処理ですら一〇年近くかかると言われている。

五月三一日の毎日新聞によると、事故で高濃度に汚染された福島原発の廃炉費用は七四〇〇億〜一五兆円程度との試算が、民間のシンクタンクから原子力委員会に出された。さらに所得補償を含め、二〇キロ圏内の住民の土地の買上げ等を実施すれば、総額五兆六七〇〇億〜一九兆九三〇〇億円程度かかるという。新規原発一基の建設費を約四〇〇〇億円前後とすると、これは一四〜五〇基分に相当する。原発の経済性の評価には、こうした事故の補償や廃炉に伴う費用も入れる必要がある。原子力のエネルギーコストが従来の評価より大幅にアップすることは間違いない。

事故を起こした原発は、解体のために長期にわたる大量の被曝労働を必要とし、解体しても最終処分場すらない膨大な放射性廃棄物という負の遺産を次の世代に残すことになる。

応急対策で安全確保はできない

今回の事故を踏まえて、原子力安全・保安院は全国の原発に津波対策と電源喪失事故に対する確認の指示を出した。現在の想定以上の高さの津波が来た場合を含めて、防波堤の高さや発電所の非常用機器等の水没対策、非常用電源の確保、ポンプや水源の確保等を検討している。

これらの対策は、直接的には福島原発の現時点における応急対策として出されたものである。事故の一因となった弱点をカバーするもので、原子力プラントの外部から対応する電源、ポンプ、放水車や水を確保するタンク車等を遠方から持ってくるといった対策が含まれている。しかし、これらは地震で地割れが起きたり、震災による渋滞が生じると役に立たない。またホースやケーブルの接続など、やってみないとうまくいくかどうかわからない類の作業も含まれる。

津波を想定して高いところに設置したポンプやタンク等は、地震で地盤が崩壊したり、その導水管が破断するリスクがある。

本来、原子力プラントにおける安全設計は、プラント内部で冷却・閉じ込め機能を喪失しないように徹底した多重防護を行なっている。多重防護を突破されて機能を喪失したときに、最後の頼みの綱として外部から応急措置する対策は、うまくいくとは限らない。多重防護が破れ炉心が溶融した場合には、有効な対策をとることがきわめて困難になる。

また、福島で六メートル程度と想定していた津波が実際には一〇メートル以上であったとなると、「想定外」では済まされない。「想定」を超える地震動も観測された。

耐震関係の委員会(原子力安全委員会の専門部会の一部)の学者は、地震や津波関係の科学者の見解を受けて、多少無理であっても原発の設計条件を設定せざるをえない。しかし、委員会の議事録でみると、委員の多くは、原発の本質的な危険性を理解していないとしか思われない不見識な議論をしていることが多い。

安全性の哲学を欠いた電力会社、産業界、学会の議論が、原子力関係の専門家の間で安全神話となって引き継がれてきたことが、今回の福島第一原発事故の根底にある。それが多くの宣伝費を使ったテレビ広告で流布され、国民が日々見て信じてしまったことから、地震国日本はきわめて危険な原発大国になってしまった。

「過酷事故は起こりえない」が事故のリスクを高めた

今回の事故のように、設計条件を大幅に越えて炉心損傷などが起きることを過酷事故(シビアアクシデント)という。

アメリカのスリーマイル島原発事故、旧ソ連チェルノブイリ原発事故を経験した後も、それらは日本とは違い「原子炉の型式が別」「原子炉の核反応の特性や制御棒に欠陥がある」「原子炉格納容器がない」「運転の規則違反があった」「運転員が操作を間違って緊急炉心冷却系を止めてしまった」などの理由をあげて、日本では過酷事故は起こりえないとされた。一九九二年五月の原子力安全委員会の発表で過酷事故の存在をはじめて認め、アクシデントマネージメント(AM)対策を出した。そこでも、日本の原発は多重防護により十分な安全性対策ができており、過酷事故の発生確率は工学的には無視しうるほど小さいとした。

したがって過酷事故に対する対策は法的に義務化されておらず、電力会社ほか民間企業が自主的にやることが推奨されているだけである。だから、炉心溶融後の基本的な対策や格納容器ベントなどはまじめに考えられてこなかった。格納容器ベントの際、放射性物質を少しでも除去する大型のフィルタードベントは、すでに一九九〇年代にヨーロッパで開発されていたが、日本では必要ないとして導入しなかった。

日本はものづくりの技術力が高いからものの信頼性が高く、故障することも少ないので安全だといった神話に上にあぐらをかいてきた。しかし、ものが故障しにくいことと、万一のときに安全を確保することとは本質的に違う。

首都圏が壊滅した可能性

三月一二日の夜、福島第一原発一号機の格納容器の圧力は異常に上昇し、格納容器の破壊を防ぐため、格納容器ベントを実施した。しかし、二つある弁の内ひとつは手動で動かしたが、もうひとつの弁は圧縮空気による動力を必要としており、なかなか開くことはできなかった。格納容器の圧力が設計上の限界の二倍近い圧力まで上がりさらに上昇していたので、必死でコンプレッサーを用いて圧縮空気で弁を開くことに成功した。

もし、この時点で格納容器ベントに失敗し、格納容器が圧力で爆発していたら、事態ははるかに厳しい状態になっていた。一号機が壊滅すると、放射能が強すぎて二号機、三号機にも近づけなくなり、二機ともやがて炉心溶融から格納容器破壊にいたり、さらに四号機を含む四機すべての使用済燃料が冷却不能になることまではほぼ一本道である。そもそも格納容器は設計上、炉心溶融に耐えるようになっていないからである。そうなれば、おそらくチェルノブイリ事故よりはるかに大規模な汚染になったと推測される。

原発の潜在的な危険性は、内部にある放射性物質の量で決まる。チェルノブイリでは四号機のみが事故に関係したが、福島では、一号機から四号機まで合わせてその三倍以上の大量の放射性物質が外部へ放出される可能性の高い、きわめて危険な事態がつづいていた。

格納容器ベントに成功しても、炉心の溶融デブリが原子炉内あるいは格納容器内で水蒸気爆発を起こす可能性があった。水蒸気爆発は、高温の液体と水が接触して、水が一気に蒸発することで爆発が起こる現象である。火山のマグマが水と接触したり、工場で溶融した金属がこぼれて水と接触すると起こる。実験によると、水蒸気爆発は、同じような条件でも起こったり起こらなかったりする確率的な現象だと言われている（高島武雄・飯田嘉宏『蒸気爆発の科学』）。つまり、水蒸気爆発が起こらなかったのは偶然にすぎない。

大規模な原子炉または格納容器の爆発があった場合、二〇〇キロ離れた首都圏でも決して安心できる距離ではない。首都圏が強制退避地域になった場合には、日本は壊滅する。

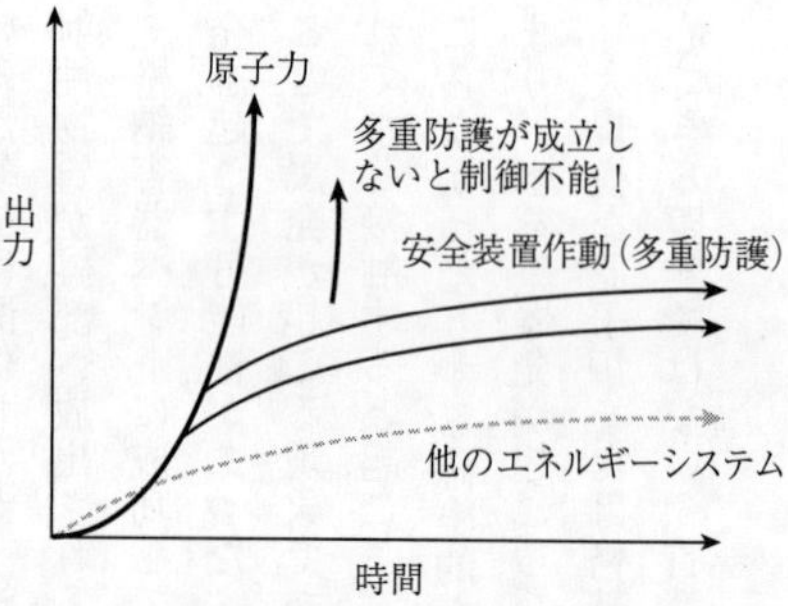

図2　原子力はなぜ危険か

過酷事故は防げるか

福島原発事故は、地震・津波など原子力プラント外部の事象と、原子力プラント内部の機器の故障、そして人為的なミスなどが重なって起きたと推測される。まだ事故の詳細はわかっていないが、スリーマイル島や他の事故と同様に、複合的事故であることは間違いない。

原子力プラントの特徴を表すと、図2のようになる。一般の動力の場合、放っておいてもやがてエネルギーは上限を迎える。しかし原子力エネルギーの場合、制御棒を引き抜いた状態や炉心冷却できない状態では、核暴走または炉心溶融を起こすだけのエネルギーを出す。それを、制御棒と膨大な水を用いた冷却システムで抑え込もうとしている。一つ目のシステムが失敗したら次のシステムを使い、それもダメな場合にはさらに次の装置を使うという、いわゆる多重防護によって制御しようとしている。

しかし巨大なプラントシステムでは、地震や津波によって複数台の機器が多重故障を起こす可能性が高く、機器の故障も確実には避けられない。非常用の機器は立ち上げに失敗することが多く、また事故があったときにはじめて故障がわかる場合も多い。しかも、福島原発の事故で経験したように、原子炉の水位や温度など基本的な状態量すらわからない中で、格納容器ベントや海水冷却の方針すら思うように実行できず、さまざまな対応ミスも出ていると思われる。それらのミスも後から解釈して言えることであって、危機的な状態で人間がミスを起こすのは当たり前である。

事故は、きっかけとなる自然環境条件と、機器の故障と人為的なミスが複雑に折り重なって大規模に進展していくものである。それが何とか収束に向かってきているとするならば、それは偶然にすぎない。例えば津波対策をしたとしても、事故の進展シナリオは無限にあり、すべての対策ができない以上、過酷事故を防ぐことは原理的にできない。過酷事故は原発の技術的な特徴であり、個々の技術的な対策では到底防ぐことはできない。

われわれは、すべての技術が制御可能だと思ってきたが、それは幻想である。原子力の道を歩むことは、ねずみの大群が海に向かって進んで行き、やがて海岸で気がつくがもはや止まることができず、海につぎつぎに飲み込まれていくような破局への道を進んでいることになる。

3　福島原発避難民を訪ねて

鎌田　遵

海の男

その日は漁が終わって自宅で休んでいた。大きな揺れで、母屋は倒されたが、納屋は残った。咄嗟《とっさ》に、やり直せると思った。福島第一原子力発電所から直線距離にして約六キロ、浪江《なみえ》町《まち》請《うけ》戸《ど》で、主にヒラメなどを獲る刺網《さしあみ》漁を営んでいた山形一朗さん(五〇歳)は、冷静だった。

しかし、そのあと、大津波がやってきた。車で高台へ逃げた。倒れた母屋もろとも納屋も流された。「流れたものは仕方がない。また建て直せばいい」とそのとき考えた。日焼けした精悍な横顔、鍛え上げられた太い二の腕が、海での長年の暮らしを物語っている。

「放射能が決定打だった」と山形さんはいう。これはなすすべがない。ふたつの天災に人災が加わった。震災から四週間目、ほかの地域が復旧にむけてうごきはじめていたとき、山形さんは東京都調布市、味の素スタジアムの施設の一部を使った避難所で焦っていた。

「自分の手で瓦礫を撤去して、生活再建に動くことができない。それが口惜しい」

この避難所には、福島第一原発の周辺地域からきた人たちが多く、三月下旬には一九〇人ほどいたが、四月上旬には一三〇人前後になっていた。

四月六日。山形さんは避難所にやってきた皇太子夫妻に、「漁ができない漁師は、陸にあがった河童です」と話した。漁師をつづける以外に生きていく道はないという心の底からの叫びだった。その声はテレビのニュース番組で伝えられ、山形さんは一瞬、時の人になった。

地元の高校を卒業後、東京電力広野火力発電所の子会社に七年間勤務した。しかし、サラリーマン生活は肌に合わず、退職。それから二五年間、漁師一筋で生きてきた。原発は船溜まりから間近にせまってみえたが、子どもの頃からあるものだから、とくに気にならなかった。

「原発で町が潤ったとか、生活が安定したっていわれる。だけど、俺たちは原発に食わせてもらっていたわけじゃない。自分たちの暮らしは自分たちでつくってきたんだ」

一緒に避難している妻の千春さん(四七歳)は原発の安全性を信じてきた。「事故が起きる前までの原発のイメージは、安全、安定。東京電力は大手で、雇用をつくってくれて、倒産しないというものだった」。東電への就職は、地元の工業高校を優秀な成績で卒業したものだけに開かれた、狭き門だった。各家庭に月一回届けられる、東電の広報誌にも、事故の不安を感じさせるものは、何一つなかった。

それでも心のどこかにかすかな疑いがあった。もしもなにか起ったら、浪江町の原発に近いあたりの方が、原発を誘致した大熊町や双葉町の西部よりも、放射能の被害は大きいのではないか、と近所の人たちと話しあったことがある。地震の翌日、山形さん夫妻は、病身の父親を車に乗せ、東京の親戚を頼って避難した。着の身着のままだった。

「写真一枚でもいいから、家の記念になるものを持ってきておけばよかった」

と千春さんが嘆いた。避難所のロビー兼面会所に設置された大型テレビには、福島県から避難した子どもたちが、避難先の小学校に入学する様子が流れている。その子どもたちが、数年あと、どこで卒業式をやることになるのか、と誰かがつぶやくのが聞こえてきた。

政府と東電が発表する内容は、日を追うごとに悪化し、いつか故郷に戻れる、という希望を無惨に打ち砕いていく。地震が発生した日、三月一一日の午後九時二三分になって政府は原子力災害対策特別措置法に則って、福島第一原発から三キロ圏内に住む人たちに避難を、そして三〜一〇キロ圏内の住民には屋内待機を指示した。しかし、枝野幸男官房長官は記者会見で「これは念のための指示でございます」とつけ加えた。

ところが翌朝、午前五時四四分になって避難区域は一〇キロ圏内にひろげられ、同日午後六時二五分、二〇キロ圏内へと拡大した。三月一五日には、二〇〜三〇キロ圏内に住む人たちにも、屋内退避が指示された。そして、四月一二日、原発事故レベルは五から七に跳ね上がった。菅直人首相が一〇年から二〇年は戻れないと発言したという報道が、波紋をひろげた。

山形千春さんは、事故レベルが上がったことについて、こういった。

「レベルが五でも七でも、町に戻れないことには変わりないのです。具体的に何年たったら戻れる、といってくれた方がまだいいんです」

放射性物質の放出によって、故郷に帰れなくなった人たちが、避難所で暮らす様子を見聞きして、わたしは、今まで研究してきたアメリカ先住民社会を襲った「エコサイド」、つまり生態系、人びとの暮らし、健康、さらには伝統文化までを根本から破壊しつくす、文明の暴力について考えていた。

アメリカでは、軍事目的にしても、商業目的に関しても、歴史的に原子力開発は辺境で暮らす弱者を押しつぶしながら発展してきた。二〇一〇年に白紙に戻されたとはいえ、連邦議会が、一九八七年に高レベル放射性廃棄物の最終処分場として建設を決めた、ネバダ州のヤッカ・マウンテンは、ウェスタン・ショショーニ族の生活圏だった。この核の最終処分場は、一九五一年に設置され、冷戦期には九二五回にものぼる核実験がおこなわれた、ネバダ実験場にも隣接している。

冷戦期以降、南西部に暮らすナバホ族は、ウラン採掘による環境破壊に苦しめられてきた。一九七九年七月一六日、およそ一一〇〇トンものウラン選鉱滓がリオ・プエルコ川に流出した。周辺では許容量の六〇〇〇倍もの放射能が検出され、移住を余儀なくされた人たちも多い。

ウラン採掘に従事したナバホ族の人たちは、防護服も与えられず、放射能の恐怖も知らされず、危険な労働を押しつけられ、高い発ガン率に苦しめられてきた。そのあげくこんどは流出によって、住居まで被災したのである。

アメリカの原子力開発によって、先住民の大地と健康が破壊されつづけてきた。現在に至るまで、誰も立ち入れなくなってしまった聖地は、数えきれない。先住民は植民地主義政策のもとに土地を略奪され、労働力として使い捨てられ、そのあと、エコサイドよってまたもや国家に土地を奪われ、伝統文化を継承することができなくなった。

福島第一原発周辺から避難してきた人たちの、これからの困難を、わたしはアメリカ先住民の歴史と現在と重ね合わせて考えている。

原発のある双葉町の町民(約六九〇〇人)のうち、およそ一四〇〇人が避難している、埼玉県加須《かぞ》市旧騎西《きさい》高校(現在は廃校)を訪ねた。複数の市町村から避難した人たちが生活する調布市の味の素スタジアムとはことなり、ここには「原発の町」の一部が、そのまま移動していた。避難した人たちの多くは、三月一九日、町が準備したマイクロバスに分乗して、埼玉スーパーアリーナに移動した。自分の車は町が指定した駐車場に置いて、町職員に促されるまま避難してきた。ところが三月三〇日、避難所と町役場は、そっくり旧騎西高校に移された。双葉町も車社会だが、避難先の旧騎西高校も、最寄り駅から三キロも離れ、周辺に田園風景がひろがっていて、車がないと不便な環境だ。そこで町の人たちは、避難所から自宅や職場に戻って、車を運んできた。

東武伊勢崎線加須駅から、避難所に向かうバスのなかで、わたしは、これから弟一家を訪ねるという、東京在住の年配の兄弟と一緒になった。

長兄(六六歳)は、集団就職で東京にでてきた翌年(一九六二年)、原発を誘致すれば、漁師一人当り一〇〇〇万円の漁業補償金がでると聞いた。おなじ列車で東京にやってきた仲間のほとんどは、双葉町に帰っていった。漁師ではなく、農家だった彼は東京に残って頑張るしかなかった。町にもどって漁師になった仲間の多くは、今回の津波で行方不明になった。「原発さえできなければ、みんな東京に残っていて、死なずにすんだかもしれない」

一緒にいた次兄(六三歳)は、「避難所で暮らす人たちのなかには、原発で働くために双葉町に戻った人もいる」と語った。原発と「共存」してきた双葉町や大熊町の人たちには、故郷から遠く離れて仕事を探すか、危ない被曝現場に派遣されるか、ほかに選択の道はない。

旧騎西高校で、福島第一原発から三キロ地点で農業を営んでいたAさん(七〇歳)とお会いした。彼は、三月一二日午後三時三六分に起こった東京電力福島第一原発一号機の水素爆発を、約四キロ離れた地点で目撃していた。「ボーン」と大きな爆音がした。振り返ると、原発の方から埃とも煙とも形容しがたい巨大な雲が沸き上がっていた。その光景を目の当たりにしても、原発が爆発したとは思わなかった。それほど、「安全」を信じていたのだ。

Aさんの家は、地震で屋根がすこし壊れた程度で、津波の被害はなかった。それでも、原発の爆発が川俣町の高校に避難させた。放射線量が高いと測定されたジャンパーは、入口で没収された。髪の毛の放射線量も高く、すぐにシャワーを浴びることになった。その日の夜七時のニュースを見て、驚いた。原発の爆発について何も触れられていなかった。

「東電は隠していた」と彼は怒った声になった。

Aさんたちは避難指示を受け、何も持たずに逃げてきた。ところが町民とはちがい、東電社員の家族たちは、貴重品をもって県外へ避難した、と伝わってきた。「結局、東電は社員にだけ真実を伝えていたんだろう」とAさんは納得のいかない表情をみせた。

反対運動の果てに

一九六〇年代の終わりごろ、Aさんは福島原発の建設に反対する運動に参加していた。しかし反対派はすこしずつ推進派に吸収されていき、原発は建設された。できてしまってからは、次第に安全性を疑うことをしなくなった。「そうしなければ、原発の間近に暮らすことなどできなかった」とAさんはいう。

当時、隣の浪江町では、東北電力が「棚塩原発」を建設しようとしていた。土地を最後まで売り渡すことなく、不売運動の先頭にたっていた反骨の農民、舛倉隆さんのことを知っている人は少ない。その話におよぶと、Aさんは、「推進派は反対派のことを〝共産党〟と罵っていたが、舛倉さんは最後まで信念を変えなかった。わたしは彼を尊敬していた。彼がいなかったら、きっと東北電力の原発も建てられていた」と懐かしそうだった。

それでも、今回のような最悪、最大の事故が起きていなかったら、舛倉さんの反対運動を評価できなかったとつづけた。もしも、棚塩原発ができていたら、被害はさらに大きくなっていた。

双葉町は、原発誘致と引き換えに膨大な額の「電源三法交付金」を受けながらも、ハコものづくりで資金を使い果たして財政難に陥っている。

「夕張みたいだった。それでも原発を増設すれば乗り切れる、と思うようになっていました。でも、また事故があって、「想定外」の一言で片付けられるのはごめんだ、と思います。原発は、もう懲りごりです」

廃校での暮らしは、これからもしばらくつづくことになりそうだ。福島県内に仮設住宅ができたにしても、県内に避難した人たちが最優先にされ、自分たち県外に出た者は忘れられてしまうのではないか、との不安も高まっている。

長生きすれば、いつの日か故郷に戻れるかもしれない。が、教室の床に畳を敷いただけの空間に、約三〇人もの人たちと一緒にいる今の暮らしは、容易なものではない。「避難してきた身で贅沢はいえないけど」とAさんは控え目だが、誰の目から見ても快適とはほど遠い、希望のみえない生活がつづいている。

銭湯に毎日入る経済的な余裕はない。無料のときを含め、三日に一度だけである。朝夕の食事は弁当、昼はパン食。それで体調を崩す人が多く、インフルエンザが流行っていた。

Aさんはこの校舎に留まっている理由を、こういった。

「おそらくもう畑に戻ることはないでしょう。それでも、双葉町の人たちと一緒に、福島県の仮設住宅に移りたいのです。今はそれだけが希望です。だから、あまり原発の話をするとまずいのです。わたしの名前は控えさせてください」

五階建ての校舎のなかで、集落ごとに部屋が分けられている。双葉町の町内会組織が、そのまま活かされ、お互いを助け合っているのだ。さいごに、Aさんはぽつりとつぶやいた。

「東電に双葉町の土地を全部買ってもらうしかない」

それが家と畑を失った農民の本音のようだ。

原発とともに

旧騎西高校の避難所で、「原発を責めたくない」という意見もきいた。七〇代の女性は、「田舎にいながらも四〇年ちかくのあいだ、音楽会や文化的な催しを通じて、都会的な暮らしができました。それはすべて東京電力のおかげです。ですから、今回の事故があったからといって、東電ばかりを批判できない。ただただ津波が憎いだけ」と強調した。

校舎の前で友達と話をしていた二〇代のBさんは「東電の社長は憎い。もう東電の「東」っていう字さえ見たくない」と怒る。彼女は、東電の下請け会社に勤務していた。原発に物資を届ける仕事だった。親会社の東電に誇りを感じていたし、原発は安全だと信じきっていた。

従兄弟に東電の正社員がいる。事故のあと一カ月も福島第一原発の復旧工事で働かされていた。その後、上司に「若いのだから、お前は逃げろ」といわれ、会津若松に避難した、という。東電の経営者にたいしては批判的だが、従兄弟のように、危険な場所で命をかけて原発を鎮めるために、いまも頑張ってくれている人たちもいる。Bさんは自分のなかの東電という会社とその社員に対する、相矛盾する気持ちを語った。

「双葉町にはもう一〇年から二〇年は帰れないでしょう。それに他の場所に長く住むようになると、戻れる日がきても、もう戻ろうと思うかどうかはわからない」

親族を頼って避難所を離れる決心はついたものの、この不景気では、仕事をみつけられる保証はない。「もう原発は信用できない」といいながらも、双葉町にある「五号機と六号機は残してほしい。町から原発がなくなるのは困るんです」と彼女は、複雑な気持ちを語った。

原発とともに歩んできた町の歴史は重い。事故は人々の心に大きな傷跡を残した。信じていたものが崩れ去り、自分たちは流民になった。たとえ、一〇年か二〇年後に町に戻れるようになったとしても、なにからはじめることができるかわからない。未来の希望の突破口はなにか。それはまだまだ見えていない。

避難所にちかい、騎西小学校に編入した子どもたちがいじめにあっている、という話がある。風呂によく入れないから、それで汚いといわれるのだそうだ。「誰も好き好んでここにいるわけではないんです」と、彼女は悲しそうな表情を見せた。

これからの補償

江東区東雲《しののめ》町一丁目にそびえる、三六階建ての公務員宿舎に移ることが決まった山形一朗さんを、引越し前日の四月一八日に味の素スタジアムに訪ねた。浪江町、富岡町、南相馬市から避難してきた、およそ一八〇世帯がそこに入居する。半年間の滞在予定で、3LDKの広さながら、家賃は無料、必要最低限の電化製品はそろっている。

しかし、契約が切れる半年後になにがまっているのか。この引越しはまたべつの避難所に行くのと変わらず、将来はまったく不透明だ。山形さんにとって、都会のマンションに暮らすのも、高層階(一八階)に住むのも、はじめてのことなのだ。

山形さんは、ロビーに設置された大型テレビの国会中継に、時折目をやりながら話した。

「この人たち（国会議員）には、俺たちの生活はわからないだろう。たとえ一〇〇〇万とか二〇〇〇万とかいう補償金をつかまされたにしても、この先二〇年、三〇年は家に戻れない、それにいつから漁を再開できるのかもわからないのだから、決して十分な金額ではない」

大事なのは、生活を立て直し、その後の暮らしを支えるための長期的な補償だ。山形さんは与野党間の議論で時間をつぶされ、最後はこれで我慢しろといわんばかりに、その程度の補償金で黙らされるのではないか、と悲観的な予測をしている。

放射能で汚染されていない海に出て、また漁をすればいいじゃないかといわれたりするが、漁業権の問題もあるし、地域がちがえば漁法がちがう。慣れ親しんだ浪江町近海でなければ、漁をするのは難しい。彼が求めているのはもとの暮らしであり、それ以上でも以下でもない。

被災者への今後の補償内容を決める第一回目の「原子力損害賠償紛争審査会」が、四月一五日に文部科学省で開かれた。しかし、一番辛い思いをした被災者の姿はその席になかった。地域に原発を無理やり押し込み、安全対策をさぼり、事故が起きると、「想定外」といっては責任を回避する政府と東電には、被災者の声に耳を傾けながら、生活再建を考える謙虚さはみられない。

「浪江町の放射能のレベルはどうなっているのか」と山形さんは不安な表情だった。「原子力損害賠償紛争審査会」といっても実際の被害がまだわからないのに、どういう議論をするのか、との疑問は根強い。「協議を重ねた結果」といって、結論を押しつけられることになるのではないか、と山形さんの疑問はとどまることはない。

原発事故レベルが七になった、と発表されたあと、二〇キロ圏内の南相馬市から避難していた杉本千恵子さん(七九歳)を再訪した。杉本さんは夫の光さん(八〇歳)と味の素スタジアムにたどりつくまでの間に、六カ所もの避難所を転々として暮らしてきた。短期間での度重なる移動と集団生活は、高齢のふたりの体力を消耗させた。

「もっとひどいところ(原発にちかい場所)から来ている人がいるのですから、苦労についてなどわたしは話せない」と千恵子さんは声をひそめていった。まわりへの気遣いである。「もう帰れないね」とささやいた。それからしばらく、彼女は南相馬市に伝わる、「相馬野馬追」祭りのことを思い出したあと、こう語りかけてきた。

「いつか、福島の浜通りに、原発のように危険なものじゃなくて、太陽や波や、それから海から吹きつける強い風を使って、安全に電気をつくれるものをずらっと並べたら、どれだけすばらしいだろうね。本当にそんな日が来るといいね」

エコサイドからの脱却へ

原発事故によるエコサイドは、そこに住む人たちの土地を強奪し、生活文化を破壊し、未来の希望を奪い、強制的に移住させて流民化させる。アメリカ先住民のように、自然環境に根ざし、プライドをもって生きていた人たちが、ある日突然、日々の営みや、そのなかで育ててきた周りの人たちや動植物との関係を断たれる。

国家による切り捨てと放置、そして差別という道を、日本政府が原発被災者に歩かせるのならば、これから何世代にもわたって、根深い禍根を残すことになる。

避難所の人たちは、放射能に翻弄されているだけでなく、責任を回避しようとする国と東京電力の過剰な防衛意識にも振りまわされている。繰り返される数値の訂正、不明瞭な情報開示のありかたは、ただでさえ不安な避難所での暮らしを、一層暗澹たるものにしている。それは絶対安全を謳い、「想定外」を連発する、原子力産業の虚像そのものである。

事故から二月以上も経っているのに、環境被害の社会的な評価と、将来への影響は発表されていない。国や東京電力はなにかを隠している、という不安ばかりがつのる。被災者への対応、とくに高齢者や病人への援助が後手にまわり、さらに被害を生みだしている。度重なる移動や長期にわたる避難所での暮らしは、人びとの身体と精神に大きな打撃をあたえる。国民の生活を第一に優先すべき政府は、これまで強行してきた原子力行政に決着をつけようとしていない。東京電力も原発による利益確保の方針を捨てきれずにいる。

原発から二〇キロ圏内は、四月二二日に「警戒区域」に認定され、許可無く立ち入れなくなった。さらに、同日二〇キロ以上離れた地域、飯舘《いいたて》村、葛尾《かつらお》村、浪江町の全域と、川俣町および南相馬市の一部が計画的避難区域に指定され、五月一五日から住民の避難がはじまった。放射能は政府の見込んだ地図の上にコンパスで描かれた円とは、まったくべつの広がりをみせており、いつ収まるのかは予測がつかない。原発避難民の数は増えるばかりだ。

今回の福島第一原発事故で、たくさんの人たちにとっての大切な土地、精神の風土が奪われた。海で生計をたててきた漁民、大地とともに生きてきた農民、そして故郷福島に根付いて生きてきた人たちが、今、エコサイドの悲惨を経験している。わたしが避難所で聞くことができたのは、膨大な歴史の証言のほんの一部にすぎない。

日本の原発に対する世論も、ようやく八二%が廃炉をもとめると高まってきた(「東京新聞」二〇一一年六月一九日)。それでも、政財官、学者、評論家、マスコミの一部は抵抗している。

原発に故郷を追われた避難民、被曝した市民と労働者の声を風化させてはならない。

II

原発の何が問題か

——科学・技術的側面から

1　原発は不完全な技術

上澤千尋

福島第一原発の事故が今後どのようになっていくのか、どうすれば事故がおさまるのか、だれにもわからない。原発でひとたび事故が起これぱどれほどひどい事態になるのか、わたしたちは経験しつつある。

原子力発電のしくみ

水力発電では、水の勢いを利用して発電機の水車(羽根車)を回し電気をおこす。火力発電では、石油や石炭、天然ガスを燃やしてお湯を沸かし蒸気を発生させ、蒸気によって発電機のタービン(羽根車)を回すことで電気を作り出す。

発電機を回して電気を作る点は原子力発電も水力・火力と共通であるし、とくに熱で蒸気を

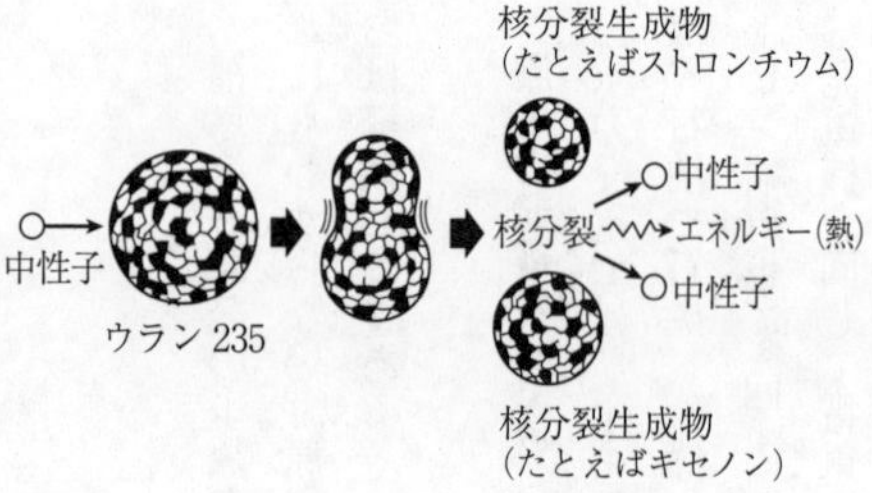

図1　ウランの核分裂の概念図

発生させるところからさきだけをみると原子力発電は火力発電とまったく同じである。原子力発電というと、なにか特別高級な最新技術で電気を作っているとイメージする人もいるようだが、何のことはない、原子炉は核分裂で発生する熱でお湯を沸かし蒸気をつくるやかんなのである。

　原子力発電にはウランなどの核分裂反応を利用する。天然に存在するウラン鉱石の中には核分裂を起こしやすい成分はほんの少ししか含まれておらず、ほとんどが核分裂を起こしにくい成分である。核分裂を起こしやすい成分はウラン235で、そうでないのがウラン238である（数字は原子の重さをあらわす質量数）。

　ウラン235の原子核に中性子を一つぶつけると、八五％の割合で核分裂を起こす（一五％は中性子が吸収される）。図1のように、一回の核分裂で、原子核が二つのかけら（核分裂生成物）に分かれて、中性子が二つないし三つ出てくる（平均約二・五個）。このとき大量の熱もいっしょに発生する。出てきた中性子をべつのウラン235にあてて核分裂を起こさせ、さらに出てきた中性子をべつのウラン235にあてる、というふうにすると核分裂を継続的に起こさせることができる。これを、核分裂の連鎖反応という。

出てくる中性子をもっとも効率よくつかって爆発的に核分裂の連鎖反応を進行させるのが原爆（原子爆弾）であり、二つないし三つの中性子のうち、一部をべつの物質に吸収させるなどして、一つだけを次の核分裂につながるようにコントロールして核分裂を継続させているのが原発である。核分裂の発生数が一定の割合で継続している状態を、「臨界」という。

核分裂から飛び出した中性子はスピードが速すぎてターゲットであるウラン235の原子核をすり抜けてしまうため、原子炉で核分裂を継続させるにはいくつかの工夫が必要になる。一つは中性子のスピードを遅くすること、もう一つはウラン235の密度を高くすることである。中性子のスピードを遅くするのには、減速材をつかう。代表的な減速材は、黒鉛（炭素の鉱物）、重水（水分子中の水素の質量数が通常の二倍のもの）、軽水（ふつうの水）である。ウラン235の密度を高くするには、ウランの中のウラン235の存在比を遠心分離器など物理的な手段によって高める。

一九八六年に事故を起こした旧ソ連のチェルノブイリ原発は、黒鉛を減速材につかっていた。日本最初の原発である東海原発は、黒鉛を減速材、二酸化炭素を冷却材とする原子炉であった（一九九八年に廃炉になり現在解体作業中）。カナダなどには、重水を減速材としているカナダ型重水炉がある。二〇〇三年三月に廃炉になった新型転換炉「ふげん」も重水炉である。現在ある日本の商業原発はすべて、軽水、すなわちふつうの水を減速材としている「軽水炉」とよばれる型の原子炉で、ウラン235の濃縮度を三～五％にまで高めたものを核燃料としている（巻末表参照）。

沸騰水型炉と加圧水型炉

軽水炉では、水は減速材としてのはたらきだけでなく、ウランの核分裂で発生する莫大な熱を運び去る冷却材としてのはたらきがある。蒸気を発生させるしくみの違いによって、沸騰水型炉（ＢＷＲ　Boiling Water Reactor）と加圧水型炉（ＰＷＲ　Pressurized Water Reactor）がある。どちらも、二酸化ウランを焼き固めた、直径一センチ、高さ一センチの円筒形のペレットを燃料としている。ペレットを厚さ一ミリ以下のジルコニウム合金のサヤ（被覆管）のなかに約四メートルに積み上げたものが燃料棒とよばれ、燃料棒を束ねたものが燃料集合体である（ＢＷＲでは約六〇本、ＰＷＲでは約二八〇本の燃料棒で一つの燃料集合体に組み上げる）。数百体の燃料集合体が原子炉圧力容器（原子炉）の中心部（炉心）に配置される。電気出力一〇〇万キロワットの原発の場合、ウラン全体の重量にして、約一〇〇トン分の燃料が装荷される。

原子炉内で蒸気を発生させ、原子炉→発電用タービン→復水器→原子炉、とめぐって蒸気が

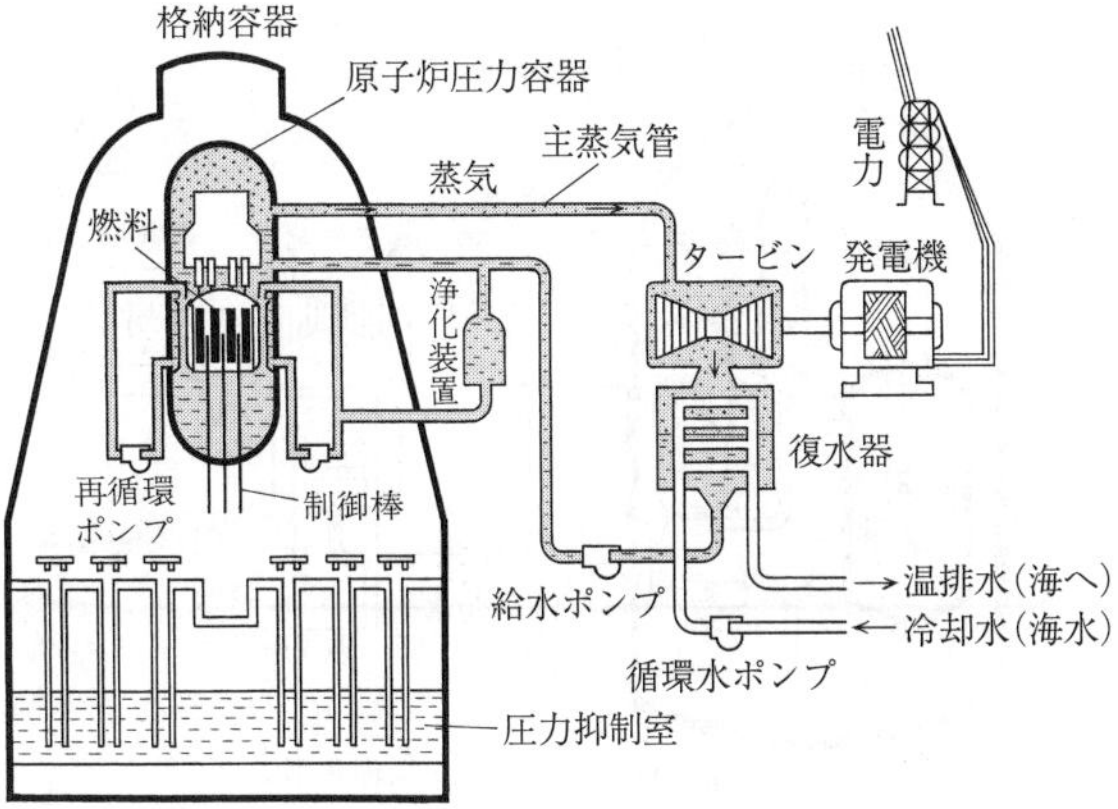

図２　沸騰水型炉（BWR）の概念図

水になって帰ってくるのがＢＷＲである（図２）。

ＰＷＲの方は、原子炉内ではなく蒸気発生器で発生させた蒸気をタービンへと送る。原子炉→蒸気発生器→原子炉とめぐる一次系と、蒸気発生器→発電用タービン→復水器→蒸気発生器とめぐる二次系からなっている（図３）。

ＢＷＲでは、原子炉の中をとおる水が、原子炉が入っている建物（原子炉建屋）を超えてタービン発電機が設置されている建物（タービン建屋）まで行くのに対し、ＰＷＲでは、原子炉をとおる水は原子炉建屋内にある蒸気発生器で戻ってくるのでタービンの側には行かない。このため、一般にＢＷＲの方が放射性物質を環境中に放出しやすいと考えられている。しかし、ＰＷＲが放射性物質を絶対に漏らさないかといえばそうでもない。実際

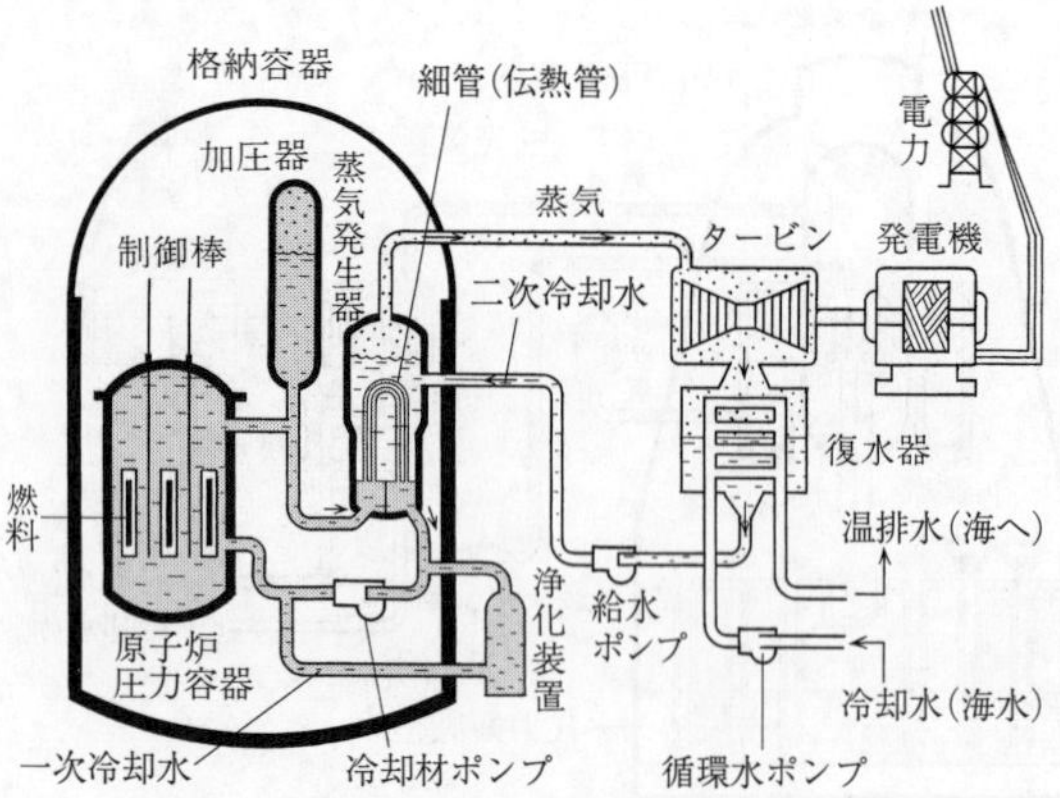

図3　加圧水型炉(PWR)の概念図

には、蒸気発生器の中にある熱を受け渡すための直径約二センチ、厚さ一・五ミリの細い管(細管)に大きな無理がかかる。細管に穴が空いて、タービンへ向かう蒸気の中に放射性物質が入り込む事故がくりかえし起きている。

ＰＷＲとＢＷＲのそれぞれの特徴と弱点についてもう少しだけ述べておく。

ＰＷＲは、原子炉の中にぎゅっと燃料がつまってコンパクトなつくりになっていて、出力密度が高く、原子炉内壁と燃料との距離が近い。そのため、燃料から漏れ出してきた中性子が原子炉の内壁に当たり、原子炉を脆くする。これを中性子照射脆化《ぜいか》といい、冷たい水が炉心に注入されると原子炉が破壊する恐れがある。

ＢＷＲは、制御棒が原子炉の底から重力に逆らって挿入されるしくみのため、脱落防止のためさまざまなケースを想定して安全装置を取り付ける必要があった。しかし、それらの安全装置は簡単に破られ、制御棒が複数本脱落し、臨界事故が起きてしまった(一九七八年一一月の福島第一原発三号炉と一九九九年六月の志賀《しか》原発一号炉)。

BWRの原子炉には、出力をコントロールするための再循環ポンプが再循環系の配管とともにぶら下がるように取り付けられている。その構造から、耐震上脆弱な装置であり、地震時には配管の破断事故が起こるのではないかと考えられている。

大量の放射性物質を抱えての運転

原発のもっとも大きな問題は、原子炉の内部に大量の放射性物質を抱えながら運転を続けることである。核分裂が起きると、そのたびごとに核分裂生成物(いわゆる死の灰)を発生させる。たとえば、キセノンとストロンチウム、クリプトンとバリウム、そのほか、ヨウ素、セシウムなどなどが生成される。ウラン、とくに核分裂を起こしにくいウラン238が中性子を吸収することによって生成される超ウラン元素というものがあり、プルトニウム、アメリシウム、キュリウムなどがそうである。

以上は燃料の中にできる放射性物質だが、それ以外の放射性物質もある。原子炉や配管は鉄

表1　原子炉内のおもな放射性物質（100万kW級原発を1年間運転した場合．合計には燃料ウランなどその他の物質も含む）

種　類	半減期	炉心に含まれる量（1000兆ベクレル）
クリプトン85	10.7年	22
ストロンチウム89	50.5日	4100
ストロンチウム90	28.8年	190
ジルコニウム95	64日	5900
ニオブ95	35日	5900
ルテニウム103	39.3日	3700
ルテニウム106	372日	700
ヨウ素131	8.0日	3100
テルル132	3.26日	4400
キセノン133	5.24日	6300
セシウム134	2.1年	63
セシウム137	30年	210
セリウム144	285日	4100
プルトニウム238	88年	3.7
プルトニウム239	24100年	0.4
ネプツニウム239	2.36日	61000
アメリシウム241	432年	0.06
コバルト58	71.0日	29
コバルト60	5.3年	11
	合計	180000

原子力資料情報室作成
「半減期」は原子数が半分になる時間．
「ベクレル」は放射能の単位．放射性物質の原子核が1秒間に1個壊変する強さが1ベクレル．物質の量が同じでも，半減期が長いほど放射能は弱い

を主成分とする合金でできているのだが、それらで発生した錆《さび》が炉心近くをとおるときに中性子を浴びて放射能を帯びることがある（放射化という）。こういうものの代表はコバルトやマンガンである。

運転中に原子炉の中にたまるおもな放射性物質をまとめて表1に示す。

放射性物質は放射線を出しながら別の物質へと壊変していき、最終的には放射線を出さない安定な物質になるが、その長い過程で熱を出し続ける。これを崩壊熱と呼んでいる。原子炉は

運転を止めても崩壊熱が残り、崩壊熱を除去し続けないと空だき状態となり、しまいには溶け崩れてしまう。原子炉の火は消せない火なのである。アメリカのスリーマイル島原発二号炉で起きた事故(一九七九年)や、福島第一原発で進行中の事故は、燃料が発する崩壊熱の除去ができなくなったものである。

事故時の大規模な放射性物質放出、原発内で働く労働者の被曝、使い終わった核燃料(使用済燃料)など放射性廃棄物の処分など、重大な問題の根本は運転中に原子炉内で発生し続ける放射性物質に関わっている。

原子炉内部の苛酷な状況

原子炉の運転は、炉心の中央部に仕込んである中性子を放出させるカプセルをあけ、炉心から制御棒をゆっくりと引き抜くことで始まる。

原発を一サイクル(約一年間)運転し始めるときには、ウラン235などの核分裂物質を、臨界を十分維持できる以上に装荷しておく。制御棒を全部引き抜くと臨界超過の核暴走の状態になってしまうので、部分的に制御棒を挿入したまま運転を行ない、燃料がへたってきたところで制御棒をさらに引き抜く(ＰＷＲではホウ酸濃度でも加減する)。ゆえに制御棒の操作に失敗すると核暴走が起こりうる。

PWRの運転中の原子炉は、水温三二〇度、圧力一五〇気圧という、私たちの日常の生活からすれば、大変な高温・高圧の環境下にある。燃料棒の隙間を秒速三メートルの速さで水が流れ、熱を運びさり続けている。燃料ペレットの中心部の温度は、約二〇〇〇度にもなる。燃料と燃料の隙間がなくなるなど、水の流れがなくなって冷却することができなくなった場合には、燃料が破損してしまうことがある。BWRにあっても、運転中の原子炉の水温は二九〇度、圧力七〇気圧と、環境は大変厳しい。

燃料棒の被覆管やスペーサーグリッド(間仕切り)にジルコニウム合金を使っている理由は、中性子を吸収しにくいからである。しかし、ジルコニウムには軽水炉で使う上で非常に困った問題がある。それは、高温になると水と反応して水素を発生させることである。約九〇〇度になると水とジルコニウムの反応が始まり、温度が高くなると激しくなる。しかも、この化学反応の過程で熱を発するので、さらに反応がすすむという悪循環に陥ってしまう。

とくにBWRでは、燃料集合体を一体ずつ筒状の容器で覆っているが、これもジルコニウム合金でできている。BWRではPWRの二倍にあたる約一〇トンものジルコニウムを使っているという試算もある。使用するジルコニウムの量が多いと、原子炉の空だき事故などで冷却がうまくいかなくなった際に、発生する水素の量が当然多くなる。福島第一原発でも、大量の水素が発生し大きな水素爆発にまでいたった原因のひとつはこういうところにあると思われる。

このように原発では、核反応のコントロールや燃料棒の冷却などに、非常に神経を使わなければならない。しかし、苦労して運転する原子炉で発生させる熱の三分の二は廃熱として海に捨ててしまい、電気になるのは三割にすぎない。

巨大事故の恐怖

原発の事故の中でもっとも怖れられている事故として、核暴走事故と冷却材喪失事故がある。設計上問題がある制御棒を緊急挿入したことによって、核分裂の制御に失敗して核反応が暴走し、爆発炎上して放射性物質を環境中にばらまいたのがチェルノブイリ原発四号炉での事故である。また、ＰＷＲの二次系の弁の操作ミス、蒸気弁の開放など小さな事故が重なって冷却水が失われ、原子炉の空だきまでいたったのが、スリーマイル島原発二号炉の事故である。

福島第一原発では、マグニチュード九・〇の地震によって原発が停電になり、さらにおそらくは原子炉の重要な配管類のいくつかが破損し、そのあと襲来した大津波によって予備の電源まで奪われた結果、大規模な炉心溶融を引き起こした。せっかく備わっていた緊急炉心冷却装置も、電源がなくなって、ほとんど役目を果たさなかった。一、二、三号炉の原子炉本体と、一、三、四号炉の原子炉建屋(使用済燃料プールが設置)は大きく壊れた。関わった施設の規模からいって、史上最大の原発事故である。放出された放射性物質が福島県全体を強く汚染しただけでなく、東日本・関東一帯へもヨウ素131やセシウム137などの放射性物質が飛来し、海洋にも汚染が拡がりつつある。

しかも、事故は進行中で終わりが見えない。健全だとみられていた施設にいつ不測の事態が起こるかわからない状態がつづいている。チェルノブイリの事故から二五年になるが、事故の処理も事故による被害も続いている。「確率的」には無視できるほどのありえない事故でも、ひとたび巨大な事故が起これば回復不能な被害が生じる。起きてはいけない事故が、福島第一原発で起こり、進行している。

あとを絶たない小さな事故、労働者の被曝

国内・海外を問わず、原発での小規模な事故はあとを絶たない。「原子力施設情報公開ライブラリーNUCIA(http://www.nucia.jp)」のデータベースでは、二〇一〇年四月一日から二〇一一年三月三一日までの一年間に日本国内の原発(表2)で、大小あわせて三〇七件もの事故が

表２　原発の運転経過年数(営業運転開始から 2011 年 3 月まで)

原子炉	運転開始	経過年	原子炉	運転開始	経過年
東海	1966/7/25	閉鎖	柏崎刈羽1号	1985/9/18	25
敦賀 1 号	1970/3/14	41	川内 2 号	1985/11/28	25
美浜 1 号	1970/11/28	40	敦賀 2 号	1987/2/17	24
福島第一1号	1971/3/26	40	福島第二4号	1987/8/25	23
美浜 2 号	1972/7/25	38	浜岡 3 号	1987/8/28	23
島根 1 号	1974/3/29	37	島根 2 号	1989/2/10	22
福島第一2号	1974/7/18	36	泊 1 号	1989/6/22	21
高浜 1 号	1974/11/14	36	柏崎刈羽5号	1990/4/10	20
玄海 1 号	1975/10/15	35	柏崎刈羽2号	1990/9/28	20
高浜 2 号	1975/11/14	35	泊 2 号	1991/4/12	19
浜岡 1 号	1976/3/17	閉鎖	大飯 3 号	1991/12/18	19
福島第一3号	1976/3/27	35	大飯 4 号	1993/2/2	18
美浜 3 号	1976/12/1	34	志賀 1 号	1993/7/30	17
伊方 1 号	1977/9/30	33	柏崎刈羽3号	1993/8/11	17
福島第一5号	1978/4/18	32	浜岡 4 号	1993/9/3	17
福島第一4号	1978/10/12	32	玄海 3 号	1994/3/18	17
東海第二	1978/11/28	32	柏崎刈羽4号	1994/8/11	16
浜岡 2 号	1978/11/29	閉鎖	伊方 3 号	1994/12/15	16
ふげん	1979/3/20	閉鎖	女川 2 号	1995/7/28	15
大飯 1 号	1979/3/27	32	柏崎刈羽6号	1996/11/7	14
福島第一6号	1979/10/24	31	柏崎刈羽7号	1997/7/2	13
大飯 2 号	1979/12/5	31	玄海 4 号	1997/7/25	13
玄海 2 号	1981/3/30	30	女川 3 号	2002/1/30	9
伊方 2 号	1982/3/19	29	浜岡 5 号	2005/1/18	6
福島第二1号	1982/4/20	28	東通(東北電力)	2005/12/8	5
福島第二2号	1984/2/3	27	志賀 2 号	2006/3/15	5
女川 1 号	1984/6/1	26	泊 3 号	2009/12/22	1
川内 1 号	1984/7/4	26	島根 3 号	建設中	
高浜 3 号	1985/1/17	26	大間	建設中	
高浜 4 号	1985/6/5	25	東通(東京電力)	建設中	
福島第二3号	1985/6/21	25	もんじゅ	停止中	

検索される。一日に一件近い割合でどこかの原発で事故が起きたり、異常が報告されたりしているのである。

燃料棒が破損したことによると見られる放射能漏れ、制御棒が誤動作する事故、配管がすり減って薄くなっていたりひび割れが起きていた事例、機器の異常が見つかって点検・修理のために原子炉の運転を止める事例など、重要度が高いものもあれば、作業員が線量計を身につけずに放射線管理区域に入ろうとした事例や、点検記録の不備・不正など、さまざまである。

原発の保守点検作業は、主として人の手で行なわれる。小さなトラブルの多くはそんな人の手による点検で見つけられる。点検作業は放射線管理区域の中での作業であるから、被曝は避けられない。原子炉に近い場所での作業や、放射性物質が漏れた事故後の除染作業では、被曝することが仕事だとでもいうように、非常に強い放射線のもとでの労働が強いられる。

原発を動かす限り、放射線管理区域内での労働はなくならない。息子を被曝労働が原因でかかった白血病で亡くした嶋橋美智子さんは「高校出てから一〇年間まじめに一生懸命働いてきたのに白血病で死ぬなんて。息子は死ななければならないような悪いことをしたのでしょうか？」と、被曝労働の悲惨さ、不条理を訴えている。

原発には、ウラン鉱石の採掘にはじまって、ウランの精錬・濃縮、燃料の加工・製造、そして、発電したあとの放射性廃棄物の処理・管理、使用済燃料の再処理などの各段階において、放射性物質の放出と労働者の被曝が避けがたくついてまわる。

使用済燃料の再処理、放射性廃棄物処分の困難

日本では使用済燃料に再処理という化学処理を施し、燃え残ったウランと燃料内に新たに生成されたプルトニウムを取り出すことになっている。アメリカ、スウェーデン、フィンランドなど、使用済燃料を再処理せずに、放射性廃棄物として処分する方針にしている国も多い。

日本の原発は運転開始当初から一九九〇年代ぐらいまで、使用済燃料の再処理についてイギリスやフランスと契約を交わし、再処理を委託していた。再処理で取り出されたプルトニウムやウランの多くは、イギリスとフランスの再処理工場で貯蔵されたままである。高濃度の核分裂生成物をガラスで固めた廃棄物(高レベルガラス固化体)も一緒に貯蔵されていて、ゆくゆくは日本に送り返されることになっている。

イギリス・フランスとの再処理契約が切れたのちは、青森県六ヶ所村に再処理工場を建設し、そこで日本国内の原発から排出される使用済燃料を再処理することになっていた。ところが、高レベルガラス固化体の製造工程で、ガラスの温度コントロールがうまくいかないなどの故障

表３　各原発の使用済燃料貯蔵量と管理容量（2009年8月現在）

（単位＝体）

発電所	貯蔵量	管理容量*
泊	857	2298
女川	1998	4618
東通	196	1315
福島第一	9933	12202
福島第二	5946	7884
柏崎刈羽	12380	14467
浜岡	6243	10110
志賀	618	4001
美浜	775	1433
高浜	2471	3554
大飯	2759	4130
島根	2146	6121
伊方	1278	2074
玄海	1740	2434
川内	1774	2798
敦賀	1414	2450
東海第二	2005	2883
合計	54533	84772

原子力資料情報室調べ
＊貯蔵プールの最大容量から１炉心分を差し引いた値

が続き、試験操業の段階でストップしている。そのため、原発の運転が続けられれば、各原発のサイトでは使用済燃料がたまり続けていくことになる（表3）。

六ヶ所再処理工場の工程では、使用済燃料を剪断し、硝酸にペレットを溶かし、リン酸トリブチルという有機剤をつかってウランとプルトニウムを抽出し、ウランとプルトニウムとをいったん分離し精製する。アメリカとの協定により日本は純粋なプルトニウムを所有できないため、ふたたびウランとプルトニウムを混合し、酸化物の粉末として貯蔵する。使用済燃料を剪断する段階から、被覆管内にとどまっていたクリプトンなどの希ガスを一〇〇％環境中に放出するなど、放射性物質のたれ流しを前提にした操業が大きな問題になっている。

取り出されたプルトニウムにも需要がない。本来ならば、高速増殖炉でプルトニウム利用をすすめる計画であったが、研究開発段階の原型炉「もんじゅ」が事故停止していては、見通しもたたない。ヨーロッパに保管されている日本の電力会社所有のプルトニウムも余剰の状態で、それを解消すべく、軽水炉でプルトニウムを使用する「プルサーマル」を推し進めようとしているが、現在までに玄海三号炉、伊方三号炉、高浜三号炉、福島第一原発三号炉でわずかに装荷されたのみにとどまっている。福島第一原発三号炉は、今回の事故により、廃炉となることが決定した。

日本では高レベルガラス固化体の最終処分場は公募されているが、いまだに正式な応募はない。二〇〇七年に高知県東洋町の町長が独断で文献調査に応募したが、町長選で敗れ、新しい町長が撤回した。

使用済燃料の直接処分も含めて、原発から出てくる高レベル核廃棄物の最終処分の候補地が決まっているのはフィンランドのオンカロだけである。一〇万年間の監視が必要な、危険な核廃棄物を安全に保管できるのか、そこに核廃棄物が存在することをどうやって後の世代に知らせることができるのか、だれも答えを持っていない。

2　原発は先の見えない技術

井野博満

原発は、先のことがわからぬまま開発されてきた歴史を持つ。「廃炉」の大変さも考えられてこなかった。また、放射性廃棄物(死の灰)の処理を考えてこなかったことは、「トイレのないマンション」と揶揄され続けた。それはいまだ解決の方法がない。一〇〇〇年以上も管理せねばならない高レベル放射性廃棄物を必然的に生み出す、先を予見できない技術。原発は〝技術といえない技術だ〟といってよい。「圧力容器の照射脆化《ぜいか》」もそのひとつである。照射を受けた鋼が四〇年先にどうなるか、確かでない予測でスタートしたのである。

原子炉圧力容器の照射脆化——予測できない材料劣化

金属材料は、さまざまな原因で壊れる。そのひとつに「照射損傷」がある。原子力の研究において「照射損傷」がなぜ大事な研究テーマかというと、原子炉で核分裂を起こさせて発生する中性子線が原子炉の容器や配管などに当たると金属材料を傷つけるからである。それを「中性子照射損傷」という。その結果、材料が割れやすくなれば「中性子照射脆化」という。特に問題なのは、原子力発電所の心臓部である原子炉圧力容器鋼の中性子照射脆化で、これが破損すれば制御できない大事故へと直結する。

結晶中の原子はきちんと格子状に並んでいるが、中性子照射を受けると原子がはじき飛ばされ、そこに穴ができる。これが「空孔」。はじき飛ばされた原子を「格子間原子」という。さらに、空孔や格子間原子が動いて集まって「空孔クラスター」などをつくる。金属中の不純物原子(銅原子など)も動いて「不純物クラスター」をつくる。これらの「欠陥」が、金属の特徴である〝軟らかさ〟を失わせ、材料を〝硬化〟させてしまう。人体に例えれば、動脈硬化で血管が破れやすくなってしまう現象である。

この中性子照射による金属の〝硬化〟の度合いを表すのが「脆性遷移温度」である。この温度以上では、鋼は軟らかく塑性変形できるが、この温度以下では比較的小さな力がかかっただけで陶磁器のようにバリンと割れてしまう。これを「脆性破壊」という。

脆性破壊は、鉄という材料の特性で、中性子照射を受けなくても、低温では起こる。船の技術屋の間では以前から怖れられている現象である。タイタニック号が大西洋で流氷にぶつかり、その衝撃で船体が真っ二つに割れ沈没したのも、この脆性破壊が原因である。その後の調査で、タイタニック号の船底や外板には質の悪い鋼材が使われていて、その脆性遷移温度は二七度だったという。第二次大戦から戦後にかけても、ボリバー丸などの溶接船が割れて沈没する事故が多数続いた。

この脆性遷移温度が、原子炉圧力容器では運転中にどんどん上昇する。その上昇量は、鋼の化学成分因子（不純物原子の種類と数）と中性子照射量因子との掛け算になるとされてきた。細かい説明は省略するが、要は中性子照射が与える影響はその照射量だけで決まっていて、その照射速度、つまり、長い時間かけてゆっくり照射するか、一度に大量に速く照射するかには関係ない、という考え方が前提となっている。

この考えが現実と合わないことは、すでに一〇年以上前に、筆者たちの研究グループがコンピュータ・シミュレーションで示し（『日本金属学会誌』六四号、二〇〇〇年、一一五〜一二四頁）、敦賀《つるが》一号炉や福島第一・一号炉などの圧力容器監視試験結果でも明らかになっていた。それにもかかわらず、経産省の高経年化対策委員会（第五回）配布資料（二〇〇五年六月）では、合わないのはデータのばらつきの範囲などと事態を軽視し、これら原子炉の寿命延長を承認した。

その後、原子レベルでの組織観察技術(アトムプローブＦＩＭなど)が進み、照射脆化は中性子照射量だけでなく、照射速度によって大きく変わることが明らかにされ、学界の共通認識になった。上記の古い考えは、変更を余儀なくされた。最近になって監視試験方法の照射脆化予測式は改訂され、新しい監視試験方法 JEAC4201-2007 がつくられた。それなりの改善が図られたと言えよう。

さて、では、最新の研究成果を取り入れた新しい脆化予測式は、日本の原発の照射脆化を適切に予測できるようになったのだろうか。この予測式でいけそうだと思われていたところに、とんでもない監視試験結果が明らかになった。玄海一号炉監視試験片の脆性遷移温度が九八度を記録したのである。前回(一九九三年)の測定値が五六度だったから四二度も上昇した。

図は、玄海一号炉監視試験データと、新しい規定 JEAC4201-2007 を元に筆者らが計算した予測曲線を比較したものである。図中の三本の曲線は、この監視試験片の推定照射速度をパラメータとして描いたものである。右上の⊕印が今回(二〇〇九年四月)の測定値で、今までの三つの測定値とはちがって予測曲線からまったく外れてしまっている。こういう原因不明の大きな値が出てしまうのでは、予測式はまったく使えない。

原子炉圧力容器は、何かのトラブルで緊急に炉心を冷却しなければならないときには、三〇

○度前後に保たれている原子炉に冷水が急激に注入されるので、圧力容器の内面と外面とで大きな温度差ができ、その結果、冷えて収縮しようとする内表面には、大きな引張応力が作用する。玄海一号炉のような加圧水型軽水炉では、これに水圧力も加わる。これを「加圧熱衝撃（PTS）」という。目に見えないクラックがあれば一気に破断してしまう恐ろしい大事故となる。

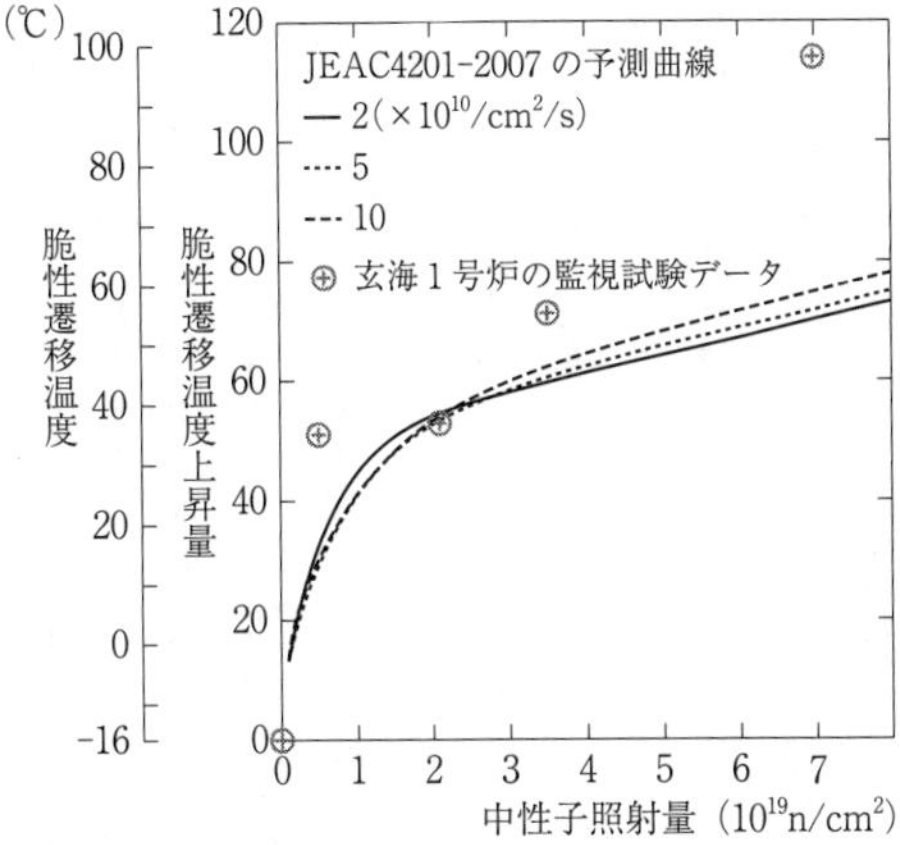

図　玄海1号炉監視試験片データとJEAC4201-2007年版予測曲線

脆性遷移温度が問題になるのは緊急炉心冷却時だけではない。通常の運転開始や終了の際の昇温・降温運転において、脆性遷移温度以下で炉心に圧力を加えることは危険である。水は大気圧では一〇〇度で沸騰してしまうのだから、脆性遷移温度が九八度であれば、この温度以下で圧力をかけることなしに出力運転時の一五〇気圧、三一五度に昇温してゆかねばならない。至難の業である。

九州電力は、玄海一号炉の監視試験片は炉壁ではなく、炉心に近い位置に置かれていて、約二倍の中性子線をあびているので、実際の圧力容器の脆性遷移温度は九八度より低く、現在は八〇度ぐらいだと予測式から推定している。だがこの推定は、予測式が成り立たなければ根拠を失う。どうすべきか？　現に観測された数値九八度を尊重して、圧力容器もまた、その脆性遷移温度になっていると考えて対応すべきであろう。それこそが安全重視の考え方であろう。

原子力安全・保安院は、昨年「JEAC4201-2007の二〇一〇年追補版」に対する意見公募をおこなった。筆者たち「原発老朽化問題研究会」は、玄海一号炉の脆性遷移温度上昇がこの予測式にまったく乗らないという重大な結果をふまえて、この予測式に対する根本的な疑問をパブリックコメントとして保安院に提出した。予測式で説明できないような高い脆性遷移温度が観測された原子炉は、その時点で廃炉にするという選択を明記すべきことも主張した。保安院は、このパブリックコメントへの回答をホームページで二〇一一年五月六日に公開したが、現実の課題に踏み込まず、ずれはマージンでカバーすることになっているという、ひとを喰った官僚的回答であった（筆者らへの直接的回答送付はなし）。

圧力容器鋼材の中性子照射脆化の原子レベルでのメカニズムの解明には、ここ数年著しい進歩があり、その結果はJEAC4201-2007の新しい脆化予測式にある程度反映された。しかし、残念ながら、その予測式も照射脆化の現実を把握するには不十分であることがわかった。予想外の測定結果が観測され、脆化メカニズムの再検討が求められている。

玄海一号炉をはじめ、一九七〇年代に建設された古い原発は、中性子照射脆化が進んでいる。美浜一号炉・二号炉、大飯《おおい》二号炉、高浜一号炉、敦賀一号炉、福島第一・一号炉（これは廃炉）などである。原発の危険性は地震や津波によるだけではない。原発はもともと三〇年ないし四〇年の寿命を想定して設計された。これらの老朽化原発は早期に廃炉にすべきである。

高レベル廃棄物の地層処分――一〇〇〇年も先のことは予測できない

〝原発は技術といえない技術だ〟と主張する大きな根拠は、核分裂生成物（死の灰）の廃棄物処理である。核燃料であるウランはもともと不安定な元素（放射性元素）で、ウラン235は七億年、ウラン238は四五億年の半減期で放射線を出し続ける。それらが崩壊してできる二次放射性核種からの放射能も加わって、ウラン鉱山での労働者や周辺住民の被曝、環境汚染が問題になる。だが、ウランが核分裂した後に残される核分裂生成物が出す放射能の量は、もともとのウラン鉱石が出す放射能にくらべて桁ちがいに大きい。使用済核燃料の放射能はおよそ五万倍にも増幅され（取り出し後一〇年時）、それが元のレベルに復するには数万年を要するのだ。

使用済核燃料のなかには、ウラン235の核分裂生成物のほかに、ウラン238から生成したプルトニウム239などの超ウラン元素が含まれる。このプルトニウムを取り出して再びエネルギー源に使うことをめざすのが核燃料サイクルである。日本では青森県の六ヶ所村に再処理工場が建設されている。使用済燃料棒を硝酸溶液で溶解し、ウランとプルトニウムを分離・抽出する一方、残りの核分裂生成物（高レベル廃液）をホウケイ酸ガラス（ホウ素やケイ素を主体とした酸化物ガラス）と混ぜあわせて、ガラス固化体にする。ガラス固化体の長さは約一・三メートル、直径は約四〇センチで、一本のガラス固化体に約八〇〇キロの核分裂生成物が含まれている。

ガラス固化体は、肉厚一九センチの円筒形の炭素鋼オーバーパックに包まれ、地下三〇〇～五〇〇メートルに埋設されることになっている。炭素鋼はもっとも安価な金属材料であり、かつ、環境中での腐食データや経験が豊富であることが選定理由にあげられている。

『地殻処分の技術的信頼性――第二次取りまとめ』（一九九九年一一月）によれば、オーバーパックの厚さ一九センチのうち一五センチがガラス固化体からの放射線が環境中へもれないための遮蔽で、残りの四センチが腐食代《しろ》であるとされている。炭素鋼が腐食される深さは、一〇〇〇年間に三二ミリ以内なので、このオーバーパックは放射能を一〇〇〇年密閉できると結論している。しかし、それを確認する腐食実験は一年しかおこなわれていない。モデルにもとづいてその結果を外挿し、一〇〇〇年後の腐食深さを推定しているのである。実験ができない場合に外挿することはよくおこなわれるが、このような一〇〇〇倍もの期間の「超外挿」は聞いたことがない。しかも、腐食のような経験的知識が頼りの分野ではモデルが完璧でないことは明らかだ。一年間の実験で形成されるせいぜい一〇〇ミクロンオーダーの腐食被膜が一〇〇〇年も経って一センチ以上の厚さになったとき、同じ条件で保たれるとは常識では考えられない。被膜は、内部や界面のひずみでひび割れたり、剝離してしまうのではなかろうか。加えて、鉄の腐食は、含まれる不純物の量や環境に大きく左右される。

そういう実験の不確実さを補う目的で考古学的知見が援用されている。上記『第二次取りまとめ』のなかの「腐食寿命評価(Ⅳ-二九頁)」に次のように記されている。「国内外の考古学的鉄製品の長期の腐食事例の調査にもとづき予測される一〇〇〇年間の腐食深さは一~一四ミリである。(中略)炭素鋼オーバーパックにおよそ三二ミリ以上の腐食代を与えることにより一〇〇〇年以上の放射性物質の閉じ込めを期待できると考えられる」。

その考古学的事例としてあげられているのが法隆寺の鉄釘や出雲大社の鉄斧である。環境が良ければ鉄は一三〇〇年もの間さびない、大変なおどろきだ、と書いてある(原子力発電環境整備機構ホームページによる)のだが、材料研究者とすれば、むしろおどろきなのは、昔の鉄はこんなにさびにくいのか、ということである。現代の鉄釘なら、さびてぼろぼろになっていたのではなかろうか。インドのデリー郊外に「クトゥブミナールの鉄塔」というのがある。これは一五〇〇年以上も大気に曝されているのにほとんどさびていない。デリーの夏は、八月の平均湿度七三%、平均気温三〇度(『理科年表』二〇〇五年版による)で、さびにくい環境とはいえない。

この「謎」の答えは、古代鉄の製法にある。近代以前の製鉄法は、比較的低温の半溶融状態で鉄鉱石を還元するので、硫黄・リン・炭素などが鉄中に溶け込みにくく、それら不純物が結晶粒の境界へたまる量も少ない。一方、高炉による近代製鉄では、高温で強く還元されるので、鉄以外の化合物も還元され、不純物が多量に溶け込む。それら不純物が結晶粒の境界に集まる結果、表面が電気化学的に不均質になり、腐食されやすくなる。

こう考えると古代鉄は材質のちがいで腐食されにくかった可能性が高い。現代の鉄(炭素鋼)が同じようにふるまう保証はない。加えて、これら考古学的資料が偏りのないサンプルだとはいえない。なぜなら、腐食されなかった鉄製品だけが現存しているのであろうし、イギリス北部の古代ローマ軍城塞跡の地中からはさびて原形をとどめない多量(一〇〇万本)の鉄釘が発掘されたという。

常識的に考えれば、とうてい予測が無理な一〇〇〇年先のことまで大丈夫だという報告書が、なぜできあがるのか？　また、この種の報告書づくりに少なからぬ学者・研究者が、なぜ協力するのか？　その方がずっと大きい「謎」かも知れない。次節でその謎解きをしよう。

原発における技術の立場性

『オーバーパックの長期耐食性に関する調査』（財団法人原子力安全研究協会専門委員会、二〇〇六年）という報告書がある。この報告書は、日本の腐食研究の中心的な地位にある六人の大学研究者が、「炭素鋼腐食モデリング」、「微量合金元素の影響」、「炭素鋼の水素脆化」などのテーマで基礎的な調査研究をおこなったものである。その内容は学術的なもので、その実験の進め方や結論の出し方には、高レベル放射性廃棄物の地層処分を認めることを前提とするような、意図的な偏りがあるようには思われない。その結論部分には、多くの学術的研究レポートがそうであるように、まだ研究は不十分でさらなる調査が必要である、というような記述もみられる。

問題は、報告書のタイトルである。「長期耐食性に関する調査」を謳いながら、実は、いずれの研究も、一〇〇〇年にも及ぶ長期の予測につながるような内容ではないということである。それはそうならざるを得ないのであって、これらのレポートはせいぜい年オーダーの実験研究にもとづく結果を報告しているにすぎない。タイトルとは大きな落差がある。これらの研究の委託をした財団法人原子力安全研究協会がもっとも欲しいのは、このタイトルで有名大学で研究がおこなわれたという実績なのではなかろうか。

前述の『第二次取りまとめ』は、一〇〇〇年後もオーバーパックの健全性は保たれるという結論を出しているのだが、その基礎データは、これらと類似の大学等での基礎研究である。報告書は、これらの研究結果をうまくはめ込んで「オーバーパックは一〇〇〇年間大丈夫だ」というストーリーをつくりあげている。基礎研究をおこなった大学研究者はこのストーリーに責任を負う構造にはなっていない。しかし、安全ストーリーをサポートし、対外的信頼性を高めるという役割を果たしている。

こういう大学研究者の役割は、価値中立的ではない。なるほど自分の研究内容自体は、その分野の学問の常道に則った方法でおこなわれた客観的なものであったとしても、その研究はオーバーパックの長期耐食性を証明するという目的に明確に組み込まれておこなわれている。

工学は多かれ少なかれ、そのような目的をもって研究がおこなわれる。それは工学研究の宿命であり、研究者はその目的性を自覚して研究をおこなわねばならない。基礎研究だからどういう枠組みのなかでおこなっても良いというものではないはずである。自分の研究は、客観的な認識を深めるための科学的研究であって、それが社会的にどう使われるかは関係ない(実際、皮肉なことに、使われることのない研究も多いが)、と考えている研究者は依然として多い。

技術は客観的法則性にもとづいて実践される。そうでなければ物は作れず、機能しない。しかし、同時に、技術は事業者の目的に沿って具体化され、実現される。物づくりにおいて何を重視し、どういう製品にするかは、技術者を含む事業主体が判断する。技術は価値観にもとづいて選択されるのであり、価値中立的ではない。

地震予知や環境アセスメントのような「予測」も、「技術」と同じような位相にある。予測は、科学的知見を基礎とするが、科学的行為である認識そのものが目的ではなく、その知見を社会のなかで使うことを目的にしている。炭素鋼オーバーパックが一〇〇〇年もつかどうかという「予測」もそうである。予測は、それを必要とする人たち(事業者や社会)が要求するものであり、その人たちの価値判断や予断が予測に影響を及ぼす。「予測は、ほぼいつも「期待」という色眼鏡を通した予測なのです」(名越康文「毎日新聞」(夕刊)二〇一一年一月二六日)というのは、心理面からのバイアスを指摘した精神科医からの名言である。

では、どのようにすれば、偏らない、よりましな予測ができるのだろうか。それには「結論ありきの予測」をしないことである。つまり、特定の結論を前提としない評価のシステムが必要である。事業者やそれと利害関係にある人たちが評価するシステムではなく、その事業により影響を受ける人たちや中立的な立場の人たちも加わった多様な判断主体が予測の段階から評価に加わる必要がある。ストーリーの固まった報告書をあれこれ議論するのではなく、である。

高レベル放射性廃棄物の処分という課題に引き戻して考えれば、次のような進め方が導かれるであろう。「予測」の段階から偏らない判断主体が参加する評価システムのもとで、①オーバーパック仕様の再検討、②ガラス固化体の是非を含めた地層処分法の再検討、③廃棄物処理の困難性からみた再処理とワンススルーの比較検討、④廃棄物処理が困難な原子力発電の是非の議論、これらを原点に戻っておこなうこと。つまり、それらを公正な立場から検討し直すということにつきるのではなかろうか。

私たちが公害の歴史から学んだことは、公害をつくり出しておいてその廃棄物対策に終始するのでなく、発生源から止めるということの必要性であり、それが対策の基本だということである。原子力発電でもその同じ発想が必要である。高レベル放射性廃棄物(死の灰)処理の困難さは、再処理などの核燃料サイクルを廃止すべきこと、さらには原子力発電そのものを廃止すべきことを強く促している。

3　原発事故の災害規模

今中哲二

三月一一日の午後四時、私の職場(京都大学原子炉実験所)では週一回の定例ミーティングのため会議室に所属部員が集まっていたが、ミーティングそっちのけで、みんなの目はマグニチュード八・四(後に八・八、九・〇と修正された)という大地震の被害を伝えるテレビに釘づけになっていた。「原発はだいじょうぶかいのう」という声の出るなか、福島第一原子力発電所の遠景が実況中継され、「東京電力によると、福島で運転中の原発はすべて地震で自動停止した」というようなアナウンスが流れて安堵した。福島原発に何やら異変が起きているらしいとのニュースが出はじめたのは、その日の夜からであった。

「福島原発冷却できず」

翌朝の新聞には、「東北で巨大地震」という大見出しの一面の下に、「福島原発冷却できず周辺三キロ住民に避難指示」という小見出しで次のような記事が出ている。

「菅直人首相は一一日夜、東北沖大地震のため緊急停止した東京電力福島第一原発二号機から放射能漏れの恐れがあると判断し、原子力災害対策特別措置法に基づき原子力緊急事態宣言を発令した。この宣言が出されたのは二〇〇〇年の同法施行以来初めて。国は同日午後九時二三分、同原発から半径三キロ以内の住民に避難を、半径三～一〇キロの住民に屋内待機の指示を出した。放射能漏れは確認されていない。

政府は宣言発令とともに原子力安全対策本部(本部長・菅首相)を設置。枝野幸男官房長官は「念のための避難指示だ。安全な場所まで移動する時間は十分ある」と述べ、落ち着いて避難するよう呼びかけた。

経済産業省原子力安全・保安院によると、同原発の冷却装置を稼働させるためのディーゼル発電機が海水につかったため故障した。緊急停止後の余熱除去に必要な給水には予備電源を利用しているが、午後八時半頃に切れた。すでに一台の電源車が到着し、利用できるように準備を進めたほか、他電力会社の電源車も向かわせている」(「毎日新聞」大阪版)

原発緊急時対応の原則は「止める・冷やす・閉じ込める」であるが、朝刊の報道は、電源喪失の結果、福島第一原発で「冷やす」がうまくいっていないことを示している。炉心に給水できなくなると、水位が下がって燃料がむき出しになり高温になって融けはじめる。おまけに、燃料棒被覆管の材料であるジルコニウムという金属は、一一〇〇度を越えると水と急激に反応して水素を発生する。

一九七九年のスリーマイル島原発事故では、原子炉の圧力逃がし安全弁が開きっぱなしになったのに運転員が気づかず、炉心の水が減ってしまった。事故がはじまって一三時間後にポンプを起動させ、事態は収拾に向かったが、炉心燃料の約半分が融けてしまった。

原子力関係者の多くは、ニュースを聞きながら「福島でスリーマイルが起きているな」と感じたはずである。

スリーマイルからチェルノブイリへ

一二日午後三時三六分、一号機建屋が白煙を上げて爆発した。この段階で私は「スリーマイルを越えてしまった」と判断した。スリーマイル島事故では、原子炉建屋や格納容器は破壊されず、放射性物質の放出はもっぱら排気筒経由であった。

繰り返し放映される一号機の爆発シーンを見ながら私は、水素爆発なのか水蒸気爆発なのかしばし判別しかねた。建屋の天井に貯まった水素の爆発なら、放射性物質の漏洩に対する最後の防壁である格納容器の破壊は免れた可能性がある。一方、水蒸気爆発は、高温の溶融燃料が圧力容器や格納容器の底に貯まっていた水と接触した際に発生する。水蒸気爆発であったとすれば格納容器も破壊されたことを意味し、チェルノブイリ原発事故と同様の事態である。目を皿のようにして眺めると、どうやら格納容器は残っているようだった。午後六時二五分、災害対策本部は避難区域を半径二〇キロ圏に拡大した。

一二日の夜に、海水の炉心注入がはじまったとのニュースが伝わってきた。それを聞いて私は「これから事態は終息に向かうだろう」と判断した。しかし、私の判断は外れっぱなしで、一四日には三号機建屋が水素爆発で吹っ飛び、一五日午前一一時の記者会見では、菅首相と枝野官房長官が、「二号機の格納容器(圧力抑制室の部分)が破損し、また四号機では水素爆発と思われる火災が発生し建屋が損傷した」と発表した。

格納容器破損は、放射性物質の環境への大規模漏洩を防ぐ最後の壁が崩れ、「閉じ込める」も破綻に至ったことを意味している。四号機は定期検査中であり、核燃料はすべて使用済燃料プールへ移送されていた。つまり、そこでの水素爆発とは、プールの水が干上がりかけて使用済燃料が高温になって水と反応し、これまた遮るものなく放射性物質が出て行くことになる。この記者会見のテレビ中継を見ながら私は、「チェルノブイリになってしまった」と確信し、淡々と語る菅首相や枝野長官を眺めながら、自分が映画の中の世界に放り込まれたような気分となった。

レベル四からレベル七へ

一方、原発の安全行政を担っている経済産業省原子力安全・保安院の発表によると、国際原子力事象評価尺度(ＩＮＥＳ)に基づく福島原発事故の規模は、三月一二日の段階では一九九九年の東海村ＪＣＯ臨界事故と同じ「レベル四：敷地外への大きなリスクを伴わない事故」であり、三月一八日になってスリーマイル島事故と同じ「レベル五：敷地外へのリスクをともなう事故」となり、四月一二日になってようやくチェルノブイリ事故と同じ「レベル七：深刻な事故」と認定された。

溶融してしまったとされている一〜三号機の炉心の正確な状況は、本稿をまとめている現在(二〇一一年六月半ば)もつかめておらず、事故がいつ終息に至るのか確かな見通しは得られていない。原発周辺二〇〜三〇キロの地域は「緊急時避難準備区域」に、三〇キロ以上でも北西方向に位置する飯舘村などは「計画的避難区域」(巻頭地図参照)に指定され、憂慮されるレベルの放射能汚染は、宮城県から関東地方全域に及び、神奈川県産や静岡県産のお茶からも暫定許容基準を越えるセシウム汚染が検出されている。保安院や東京電力の空恐ろしいまでの甘い判断が、事態の不必要な悪化をもたらしたと私は考えている。

五〇年前の被害試算

「原発はどんなことが起きても安全」と宣伝されながら推進されてきた。しかし、そうした建前にもかかわらず、原発事故が起きたらどんな被害が出るかという推定が、日本で原発建設が始まろうとしていた五〇年前に行われていた。

当時、同じく原子力発電を積極的に進めようとしていたアメリカでは、原子力委員会の委託を受けて、ブルックヘブン研究所が原発事故の災害規模を推定する研究を行なっていた。WASH七四〇と呼ばれるその研究報告の試算結果は一九五七年に発表され、最悪の原発事故の場合には、急性死者三四〇〇人、急性障害者四万三〇〇〇人、要観察者三八〇万人、永久立退き面積二〇〇〇平方キロ、農業制限等面積三九万平方キロといった数字がならんでいた。被害の大きさに驚いたアメリカ議会は、電気事業者のリスクを軽減し原子力発電を推進するため、事業者の賠償責任を一定額で打ち切るプライス・アンダーソン法を制定したのであった。

日本で最初の本格的な原発は、イギリスから導入し、一九六六年に運転を開始した東海原発（電気出力一六・六万キロワット、一九九八年三月運転終了）である。アメリカにならい日本でも、プライス・アンダーソン法に相当する原子力損害賠償法を制定することになった。そのためには、日本の原発で事故が起きた際にどれくらいの被害が出るのかを見積もっておく必要がある。科学技術庁（当時）の委託を受け、日本原子力産業会議がＷＡＳＨ七四〇を手本に原発事故規模の試算を実施した。一九六〇年に『大型原子炉の事故の理論的可能性及び公衆損害に関する試算』と題する二四四ページの報告書（以下、原産報告）ができあがった。試算結果はあまりにも大きな被害を示していたため、原賠法の審議を行なっていた国会には一部が報告されたのみで、全体はマル秘扱いとされた。

予測の方法と結果

原産報告の概要が一般に明らかにされたのは一九七三年であった。そのしばらく後、私の手元にも表紙に「持出厳禁」と書かれた原産報告のコピーが回ってきた。原産報告で用いられている事故被害評価の方法とその結果をかいつまんで紹介しておこう。

（A）**対象原発と周辺状況**　東海原発に対応するよう熱出力五〇万キロワットの原発が想定され、周辺の人口密度は一平方キロ当り三〇〇人、二〇キロ離れたところに人口一〇万人の中都市（水戸）、一二〇キロのところに人口六〇〇万人の大都市およびほぼ同人口の周辺層（東京および周辺都市）が想定されている。

（B）**放射性物質の放出パターン**　どれだけの放射性物質が、どのような組成・性状で放出されるかという想定である。実際の事故がどのように進行するかについての知識は限られており、パラメータの値をいろいろ選んで幅を持たせた評価をしている。

［放出量］炉心内蔵量の〇・〇二％が放出された場合と二％が放出された場合。放射性物質の量にすると、原子炉停止二四時間後の量に換算して三七〇〇テラベクレル（古い単位では一〇万キュリー）の場合と、三七万テラベクレル（一〇〇〇万キュリー）の場合。

［組成］炉心内と同じ組成で放出される場合（全組成放出）と、揮発性の放射性物質（希ガス、ヨウ素、セシウム）が主に放出される場合（揮発性放出）。福島事故は、後者に近い。どこまで確かな推定か判断できないが、四月一二日の原子力安全委員会の発表では、四月五日までにヨウ素131が一五万テラベクレル、セシウム137が一万二〇〇〇テラベクレル放出されたとされている。

［放出温度］高温（一六五〇度）で放出される場合と低温（常温）で放出される場合。高温放出の

場合は、放出点において上空（気象条件により四〇〇メートルまたは八六〇メートル）までただちに放射性物質が上昇するものとし、低温放出の場合の放出高さは地上〇メートルとする。チェルノブイリ原発事故は、爆発と火災があったために高温放出に近く、福島事故は、水素爆発はあったものの低温放出に近い。

［放出粒子径］一ミクロン（粒径小）の場合と七ミクロン（粒径大）の場合。粒径小の場合は普通の煙のサイズで沈降が遅く、粒径大の場合は工場塵埃に相当し速やかに沈降する。福島事故は前者の方に近いと思われる。

（C）**気象条件**　放出された放射性物質は、風下に流されながら放射能汚染を生じることになるが、各地点での放射性物質濃度や沈着量は、そのときの気象条件によって大きく違ってくる。想定された気象条件は以下の通りである。

［風向］原発から大都市（東京）に向かうと想定し、途中に中都市（水戸市）が位置している。

［天候］降雨無し（乾燥）の場合と雨の場合（降雨量毎時〇・七ミリ）。

［大気安定度と風速］大気の拡散しやすさを示す大気安定度は、典型的な温度逓減《ていげん》の場合（晴れた日中のように上空の方の気温が低いと大気は拡散しやすい）と、かなり強い温度逆転の場合（上空にいわゆる逆転層ができるため大気は拡散しにくい）とする。風速は、温度逓減の場合、低温の地上

放出で毎秒四メートル、上空へ上がる高温放出で毎秒七メートルとする。温度逆転の場合、それぞれ毎秒二メートルと毎秒六メートルとする。

(D) **拡散と沈着の計算** 風下各地点の放射性物質濃度の計算にはサットンの式が用いられた。この式は、風下中心軸周辺の放射性物質濃度を正規分布によって表わし、その分布パラメータは風下距離と気象条件の関数として与えられる。地表への沈着は、乾燥沈着の場合と降雨沈着の場合に分けられ、降雨沈着の方が地表汚染は大きくなる。

(E) **被曝量の計算** 被曝の受け方には、身体の外部にある放射性物質からの外部被曝と、体内に放射性物質を取り込んだ場合の内部被曝がある。原産報告では、外部被曝としては、大気中の放射能雲からのガンマ線による全身外部被曝、内部被曝としては、放射性物質の吸入にともなう肺などの臓器の内部被曝が計算されている。

ここで指摘しておきたいのは、地表に沈着した放射性物質からの外部被曝が被曝量計算に含まれていないことである。この被曝は、チェルノブイリ原発周辺住民の場合のように、地表の汚染が生じて何日もたってから退避が実施された場合には、放射能雲からの被曝量よりかなり大きなものになる。また、内部被曝については、飲食物による放射性物質の取込みは考慮されていない。

（F）**人的被害区分と賠償額**　人的被害として賠償金額が見積られているのは、大量の被曝にともなう急性障害のみで、被曝量が小さくてもそれなりの確率で発生するガンや遺伝的影響といった晩発性の障害については評価されていない。死亡した場合の賠償金額が八三万円というのは現在の感覚では考えがたいが、その額は当時の交通事故死賠償金額や医療費などを参考に算出された。

（G）**物的損害区分と損害額**　物的損害は、地表汚染にともなう早期立退き、六カ月以上の退避や移住、ならびに農業制限で、損害額の基準は、当時の固定資産や農業所得の統計を参考に算出されている。

国家経済の破綻

三七万テラベクレルの低温放出の場合の被害を表にまとめた。事故被害の様相が、放出条件と気象条件によって大きく変化することを示している。

福島事故に近いのは、放出条件が「揮発性・粒度小」で、気象条件が「温度逓減・雨有」の場合であろう。人的被害が要観察三一〇〇人、六カ月以上退避・移住が三六〇万人、一年間の農業制限三万七五〇〇平方キロ（日本の面積の約一割）で、その損害額は五六五〇億円とされてい

表　原産報告の試算結果（放射性物質放出量37万テラベクレルの場合）

放出条件	気象条件	人的損害（人）			物的損害		
		急性死亡	急性障害	要観察	早期立退き（人）	6カ月以上退避・移住（人）	1年間の農業制限（平方km）
揮発性・粒度小	逓減・雨無	—	—	3100	—	510	20
	逓減・雨有	—	—	3100	2400	360万	3.75万
	逆転・雨無	720	5000	130万	4800	28万	3400
揮発性・粒度大	逓減・雨無	—	—	6700	4270	10.8万	2700
	逓減・雨有	—	—	3700	3800	6.2万	51
	逆転・雨無	5	163	1900	3200	1.6万	132
全組成・粒度小	逓減・雨無	—	—	6780	96	1.35万	350
	逓減・雨有	—	—	6600	9.9万	1760万	15万
	逆転・雨無	540	2900	400万	3万	370万	3.6万
全組成・粒度大	逓減・雨無	—	67	2700	3.53万	800万	3.6万
	逓減・雨有	—	15	1300	8700	12万	170
	逆転・雨無	8	90	1400	6200	4.9万	240

る。

死亡・障害者数がもっとも大きいケースは、「揮発性・粒度小」で「逆転・雨無」の場合で、死亡七二〇人、障害五〇〇〇人となっている。逆転層がある場合、地上近辺の放射能雲が拡散されず、濃い濃度のまま遠方まで達する結果、人的被害が大きくなる。

被害額がもっとも大きいのは、「全組成・粒度小」で「逓減・雨有」の場合で、損害額は三兆七三〇〇億円となっている。

一九六〇年の日本の国家予算は一兆七〇〇〇億円であった。日本の原子力発電は、万一の場合には、原子力事業者のみならず国家経済が破綻してしまう可能性のあることを承知で始められたのである。

日本の原子力安全文化

私が現在の職場にやってきた一九七六年、同僚の瀬尾健(一九九四年逝去)は、日本で最初の原発裁判である伊方原発訴訟の原告からの要請を受け、四国電力伊方原発一号機(電気出力五六・六万キロワット)の災害評価計算を行なっているところであった。瀬尾の解析方法は、一九七五年にアメリカで発表された、WASH一四〇〇(別名ラスムッセン報告)と呼ばれる新しい報告にならったものであった。当時のコンピューターを駆使して得られた瀬尾の計算結果は、炉心溶融・格納容器破壊事故が起きると、原発周辺で約五〇〇〇人にも及ぶ急性死者が発生し、高濃度の放射性物質汚染は風下一〇〇キロ以上に及び、瀬戸内海を越えた広島市でも避難が必要になる可能性を示していた(瀬尾健『原発事故……その時、あなたは!』風媒社、一九九五年)。裁判所は、「瀬尾らの想定は不適当」とする国側の主張を支持し、一九七八年に原告側敗訴の判決を出した。

原子力安全委員会が定めた「原子炉立地審査指針」には、原発の立地条件として「大きな事故の誘因となるような事象が過去においてなかったことはもちろんであるが、将来においてもあるとは考えられないこと」と定められている。原子力開発を今後も進めようとする側からは、「今回の東北大地震は一〇〇〇年に一回の地震であり、想定外の津波が福島原発事故の原因である」といった声が聞こえたりしている。原子力をエネルギー源として利用することの危険性を直視することなく、「原発は安全です」とゴマカシを言い続け、ついにはそれを信じてしまったかのような、日本の「原子力安全文化」の行き着いた先が福島原発事故であったと考えるべきであろう。

4　地震列島の原発

石橋克彦

原発の耐震安全性の建て前と現実

日本列島は地球の表面積のわずか〇・三％たらずだが(国土と領海のほかに排他的経済水域の一部を含む)、その範囲内で地球の全地震の約一割が発生する(図)。

この地震列島に、二〇一一年五月末現在、一七カ所の商業用原発があって、五四基の発電用原子炉が稼働している(停止中のものを含む。巻頭分布図、巻末表参照)。アメリカ・フランスにつぐ原発大国であり、発電炉の数は全世界の約一三％にも達する(一〇年初頭現在)。さらに二カ所の原発が新設中で、それらの二基を含んで三基の原子炉が建設中である。ほかに、トラブル続きで危険な状態のまま止まっている高速増殖原型炉「もんじゅ」がある。

これらの原発が大地震で損傷して大規模な放射能災害が生ずるのではないかという懸念は、

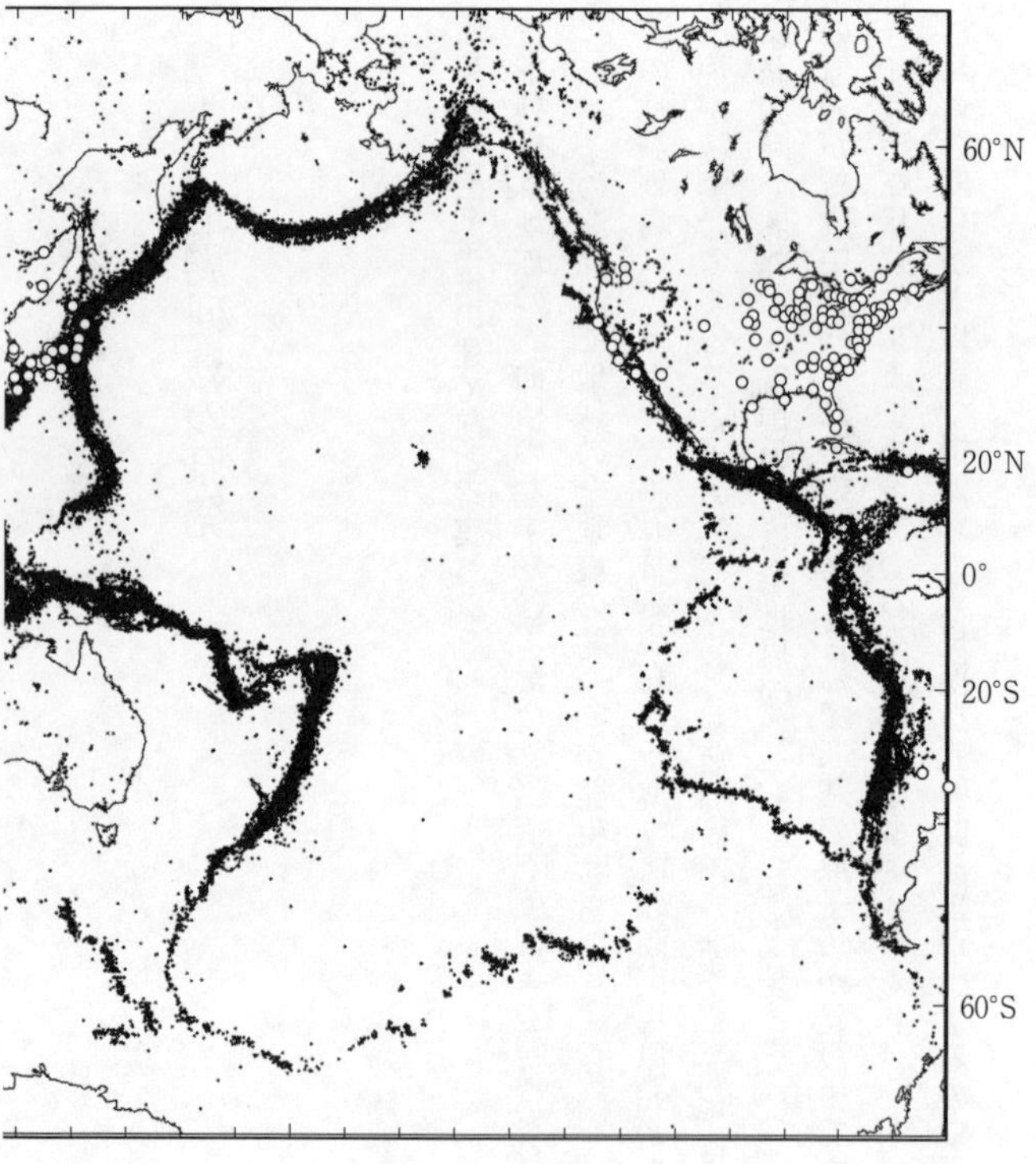
180°
90°W
60°N
20°N
0°
20°S
60°S

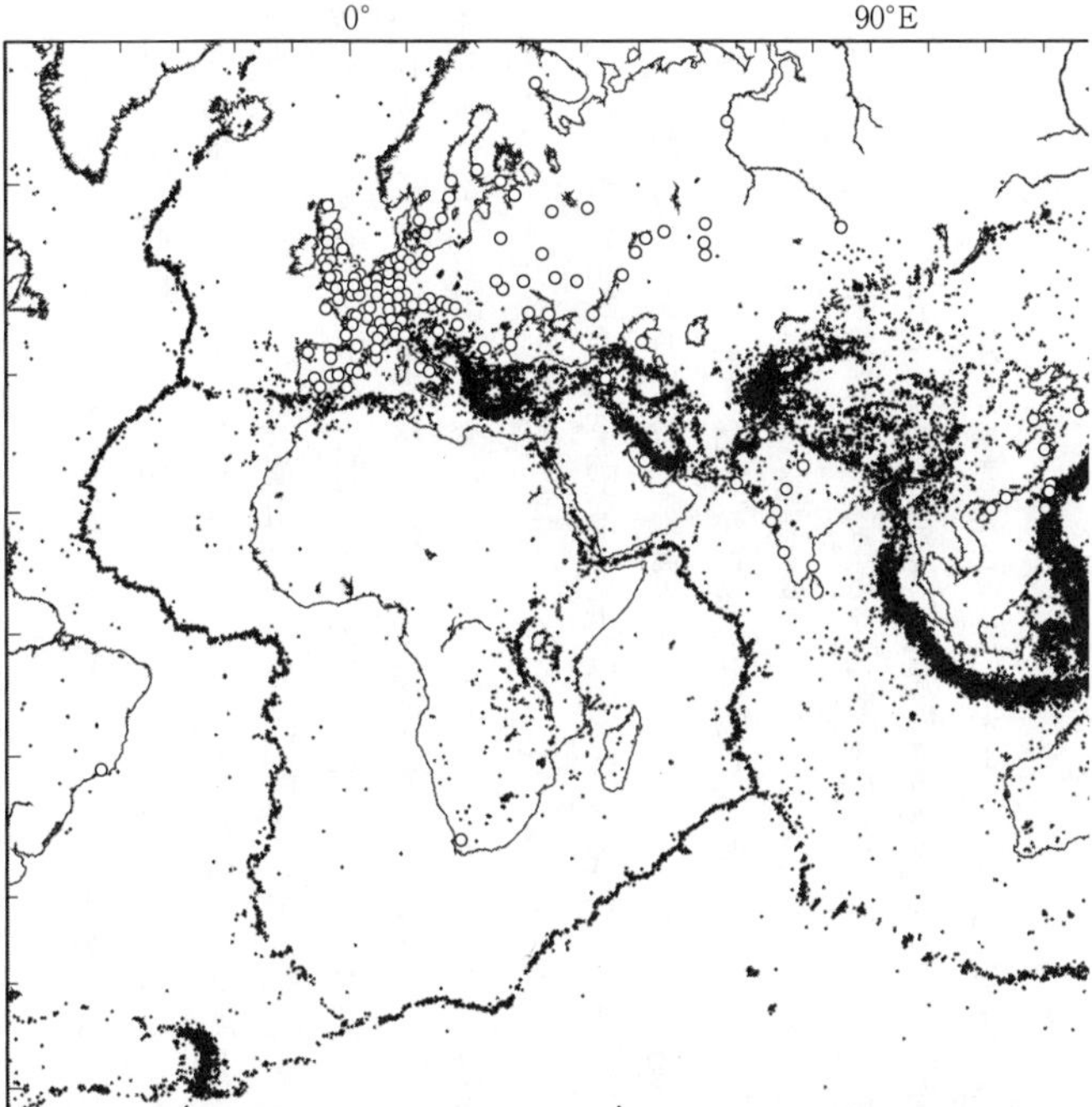

図　世界の地震と原発の分布．黒点は，1990年1月1日から2011年4月30日までのマグニチュード4.0以上，深さ100 km以下の地震17万4581個の震央を米国地質調査所のPDEデータによってプロットしたもの(データ提供：USGS NEIC，作図：原田智也)．白丸は，2010年1月現在の世界の原発を示す(原子力資料情報室編『原子力市民年鑑2010』による)

少なからぬ地元住民や科学者によって一九七〇年代から示されていた。しかし、政府や電力会社は、耐震設計に万全を期しているから大丈夫だと言ってきた。

その根拠は、一九七八年に原子力委員会が策定し、八一年に原子力安全委員会(安全委)が一部改訂して決定した「発電用原子炉施設に関する耐震設計審査指針」(旧指針、二〇〇一年に一部改訂)と、それを〇六年九月に大幅改訂したもの(新指針)である。これは、原発の新・増設の安全審査のさいに、耐震設計方針の妥当性を判断する基礎とされてきた。旧指針策定前に設置許可された商用炉が二五基あるが(運転終了した三基を除く)、阪神・淡路大震災後まもない九五年九月に、それらも旧指針に適合するとされた(巻末表参照)。

旧指針も新指針も基本的な考え方は同じで、きわめてまれであっても原発に大きな影響をあたえるおそれがある地震動(地震の揺れ)にたいしても、核分裂連鎖反応を「止める」、炉心の崩壊熱を「冷やす」、万一炉心から放射性物質が漏れても「閉じ込める」、という三つの安全機能を保持できるように耐震設計することを求めている。

そのために、耐震設計の基準とする敷地の地震動として、旧指針では、設備・機器の重要度に応じてS_1とS_2の二種類(S_2のほうが強い)を考慮することになっていた。新指針ではそれらが一本化されてS_sとなり、原発ごとに旧来よりも強い基準地震動が想定されるようになった(巻末表参照)。S_sは、地下の地震を複数想定するなどして策定される。

地震動は原子炉建屋やタービン建屋を揺らすが、これは建屋に力(地震力)が加わったとみなせる。また建屋の各階の床も揺れて、床の上にある機器・配管などにも地震力を加える。その結果、建屋や機器・配管などに余分な変形(歪み)や力(応力)が発生し、それが構造物の強度を超えると損傷につながる。原発の耐震設計は、基準地震動による地震力によっても安全機能が保持できるように、各部分と全体を設計することである。

新指針では、旧指針にはなかった周辺斜面の崩壊と津波についても、「地震随伴事象に対する考慮」として記された。その記述は簡単だが、個別審査で詳細に審議されるとされた。なお、この部分に、地震時地殻変動(地震による隆起・沈降・横ずれ)も明記されるべきだった。

新指針によって安全審査がおこなわれたのは二基だけだが(巻末表の大間《おおま》と東京電力東通《ひがしどおり》)、旧指針のもとで設置された原発も新指針に照らした耐震安全性評価(耐震バックチェック)を実施するよう、原子力安全・保安院(保安院)が〇六年九月に電力各社に指示した。各社は、新たに活断層調査をおこなうなどしてS_sを決め直し、施設の耐震安全性・地盤の安定性・地震随伴事象を評価し、必要ならば耐震補強をして、報告書を提出しつつある。それらは、〇八年以降、保安院と安全委で審議されている。

原発推進側とマスメディアは、新指針と耐震バックチェックによって原発の耐震安全性が高まると説明してきた。しかし私は、改訂の委員として審議中から新指針の不十分さを指摘していた(改善されないので、最終案了承の直前に委員を辞任して途中退席した)。要は、既存原発が不適格にならないように、S_sが過小評価できるような仕掛けになっているのである。

実際、巻末表を見れば、柏崎刈羽原発一〜四号機のS_sが二三〇〇ガル(ガルは加速度の単位)と突出して大きいのに、ほかの多くが六〇〇ガル以下なのを、読者は奇異に感じるだろう。じつは多くの原発で、地震・地質の専門家も荷担し、活断層を短く評価するなどして地震の規模(マグニチュード、M)を小さく抑え、それによる揺れ(S_s)を低くしているのである。

福島原発震災

二〇一一年三月一一日一四時四六分に発生した東北地方太平洋沖地震(M九・〇、以下では本震とよぶ、これによる災害が東日本大震災)によって、東京電力(東電)福島第一原発の一〜四号機が国際評価尺度でレベル七(最高位)の深刻な事故をおこした。膨大な数の人々を苦しめていることの災害は、まさに私が一九九七年以来警告している「原発震災」(地震による原発の放射能災害と通常の震災とが複合・増幅し合う破局的災害)である。

運転中の一〜三号機は自動的に緊急停止して「止める」機能は働いた。だから原発は地震動では無事だったのであり、事故がおこったのは「想定外」の大津波で非常用ディーゼル発電機が働かなくなり、全電源喪失に至ったためだとされている。

しかし、I―1章で述べられたように、本震の地震動によって一号機では配管破損などによる冷却材喪失事故が、二号機では圧力抑制室の破損による水素と放射性物質の漏出が発生した可能性が高い。つまり、地震動そのものによって「冷やす」「閉じ込める」機能を失うという重大事故がおきた疑いが強いのである。これは地震記録からもありそうなことである。

福島第一原発は、耐震バックチェックが〇九年に終わっており、最大加速度六〇〇ガルのS_sにたいして「止める・冷やす・閉じ込める」機能が保持されることを保安院と安全委が認めていた。この基準地震動による原子炉建屋最地下階の揺れの最大値(最大応答加速度)は、二、三、五号機の東西方向でそれぞれ四三八、四四一、四五二ガルと計算されていた。

ところが本震による実際の揺れは、東電の発表によると、まず、敷地の南地点の深さ二〇〇メートル(S_sと比べるべき深さ)で、東西方向の最大加速度が三五五ガルだった。S_sと比較するためには「はぎとり波」というものを計算しなければならず、それをやると二倍くらいになる場合もあるので、六〇〇ガルを超える可能性がある。

また、二、三、五号機の原子炉建屋最地下階における実際の揺れの東西方向の最大加速度は、それぞれ五五〇、五〇七、五四八ガルで、最大応答加速度を一五～二六％上回っていた。ほかの号機や南北方向のいくつかも最大応答加速度に近かった。以上の二点は、S_Sの想定が過小で、新指針と耐震バックチェックと保安院・安全委の審査が不備だったことを意味する。

東日本大震災では全般に建物の震動被害が激しくなくて、本震の地震動は、建物を壊しにくい短周期（一秒間の振動回数が多い）が強かったと考えられている。しかし、原発の機器・配管類は一般に短周期に弱い。それとともに、地震動の継続時間が想定よりはるかに長かったことが、設備・機器の損傷をもたらしやすかったと思われる。基準地震動S_Sの強い揺れの時間はせいぜい三〇秒程度だが、本震の強い揺れは一三〇秒くらい、とくに激しい部分だけでも約六〇秒もあった。これは、くり返し荷重として構造物に厳しく作用する。

事故の津波原因説に関連して一つの「神話」が作られた。それは、福島第一原発の耐震バックチェックを審議する〇九年の委員会（事務局は保安院）で、委員の一人が八六九年貞観《じょうがん》地震の大津波を考慮するように強く求めたのに、東電がそれを無視して津波対策を先送りしたことが事故の大きな誘因になったというものである。しかし、これは事実と違うし、地震・津波国の原発の安全性を考察するときに誤りをもたらす。

実際は、審議はS_s策定までの中間報告についてであり、最終報告に含まれるはずの津波は始めから対象外だった。委員も、S_sの策定にあたって貞観地震を考慮しないのはおかしいと指摘したにすぎない。もし津波そのものが非常に重要だと思ったならば、津波の検討と対策を急げと言うべきだったが、それはせず、東電の報告を認める事務局案を了承した。

これは委員を責めるのではなくて、この問題にこそ原発の地震・津波安全性の根幹、福島原発震災の教訓がある。つまり、委員も保安院も東電も、貞観地震津波の再来(に近いもの)がまさか二年以内におこるとは思わなかったのだろうということである。しかし、それはおこった。私たちはこの事実を厳粛に受けとめ、「おこる可能性のあることは、すぐにもおこる」を肝に銘じ、予防原則に立って地震列島のほかの原発のことを考えなければいけない。

なお、福島第一原発の周辺では今後何年も、M六〜八級の余震や誘発地震がおきて、激しい揺れや大津波が原発に破局をもたらすおそれがある。そうならないためには、ひたすら祈るほかはない。これが、地震列島の原発の実情なのである。

地震列島における安全な原発とは

保安院は、福島第一原発事故の津波原因説に立って、二〇一一年三月末に電力各社に津波にたいする緊急安全対策の実施を指示した。各社は、大津波で全電源喪失がおこった場合に備えて電源車や可搬式ポンプを配備するなどして原発の運転を続けるとともに、定期検査中の原子炉も順次再開しようとしている。しかし、一連の動きには二つの根本的な問題がある。

第一は、前述の、地震動に関する新指針とバックチェックの不備を不問に付していることである。津波対策をすれば安心などということはなく、新指針を抜本的に見直した地震リスクの評価基準を作って、日本の全原発の耐震安全性を再点検しなければならない。

第二は、大津波をかぶって全電源が喪失し、電源車や可搬式ポンプに頼らなければならない状況を想定すべきような原発は、一九六四年に原子力委員会が決定した「原子炉立地審査指針」に違反するのに、それを無視していることである。

立地審査指針は、原子炉の立地条件として「大きな事故の誘因となるような事象が過去においてなかったことはもちろんであるが、将来においてもあるとは考えられないこと。また、災害を拡大するような事象も少ないこと」が原則的に必要だと明記している。ところが保安院は、日本中の原発に、大津波という大災害と、それによる全電源喪失という大事故を想定しろと指示したのだ。これは完全な自己矛盾である。日本列島は原発の立地条件を満たさないことを保安院自らが示したのだから、全原発を廃止すべきだろう。

そもそも、たかが発電施設にすぎないのに、非常な危険を内包する原発を大津波のおそれがある場所で運転しようとするのは、正気の沙汰ではない。これに関連しては、一五メートルの津波を想定すべきだったとする日本社会の東電批判が、そういう想定のもとで原発を動かせというのであれば、技術過信に毒された迷妄だといえる。そんな場所からは撤退すべきなのだ。むしろ、一〇メートルの敷地にたいして津波は五・七メートルだから大丈夫だと考えた東電のほうが正常な感覚だとさえいえる(もちろん、万一の場合に備えるべきだったが)。

津波対策さえすればよいという考え方自体に唖然とする。私は、柏崎刈羽原発の耐震安全性を審議する新潟県の委員会(一〇年三月)で「日本の原発がまた地震で被害を受けるとすれば、要因としては津波ということもあるだろう」と述べたが、つぎの事故を考えるなら、今度は地震動や大余震や地殻変動にも注意するのが当然だろう。そして、全国の原発が福島第一原発なみの津波を想定せよというならば、地震動に関しても、柏崎刈羽原発一号機が〇七年に経験した一六九九ガルを全国の原発が想定すべきだろう。じっさい私は指針改訂の審議のなかで、既往最大の観測地震動を全原発の基準地震動の下限にするという提案をしている。

「原発と地震」の問題を考えるさいには、つぎの四点をあらためて肝に銘じる必要がある。

(1)原発の安全性は、莫大な放射性物質を内蔵することから、ほかの施設よりも格段に高くなければならない。(2)ところが原発は完成された技術ではない。(3)いっぽう、地震というものは、最大級の様相を呈すると本当におそろしい。(4)しかし人間の地震現象に関する理解はまだきわめて不十分で、予測できないことがたくさんある。

これら四点を虚心に受けとめれば、地震列島の海岸に五四基もの大型原子炉を並べることがどんなに危ういことか、人としての理性と感性があればわかるはずだ。新指針は、基準地震動を十分高く設定してもそれを上回る地震動によって放射能災害がおこりうるという認識から、「残余のリスク」を明記した。しかし、福島原発震災の非道を目の当たりにすれば、地震にたいする「残余のリスク」を唱えつつ原発を運転することは犯罪行為といえよう。

日本の既存原発は、建設ラッシュが始まった一九六〇年代後半から七〇年代前半が現代地震学の誕生・普及前夜で、かつ日本列島の地震活動静穏期だったために、多くが活断層やプレート境界巨大断層の直近に建てられ、古い地震学にもとづいて地震と地震動と津波が甘く想定された。そして、地震の本当の怖さを知らずに、工学技術で耐震性が確保できると考えられてきた。福島第一原発もその典型例である。したがって、日本中の原発と核燃料施設が、耐震強度を超える地震動や大津波や地盤変形を受けて大事故に至る可能性をもっているのである。

地震列島の原発は、原発震災のほかにも地震にたいする大きな弱点をもっている。放射能漏出事故はおきなくても大地震に襲われれば必ず止まり、運転再開までに長時間を要する。これは火力発電所などとは違っていて、電力の安定供給特性が悪い。同時に、電力会社の経営リスクと立地自治体の財政リスクが大きいことをも意味する。また、地震時の緊急停止による遠隔都市圏の突発大停電の危険性も秘めている。これらのことは、本震によって日本列島全域の地震活動がいっそう活発化するのではないかと考えられている現在、大きな問題である。そして、現在の再処理政策では、地震列島ゆえに、使用済核燃料の処分が非常に困難である。

原発は世界共通の本質的問題を抱えているが、現実的には、変動帯・日本の原発はフランスやドイツの原発とは違う。日本列島の原発は「地震付き原発」という特殊な原発なのである。危険性を制御しきれない「地震付き原発」は、生命と地球の安全と清浄のために、存在すべきではない。つまり、地震列島・日本における安全な原発とは、それが無いことである。

私たちは、日本の全原発と関連施設の全廃をめざすべきである。まず、新・増設をしない。建設中および建設準備中のものも中止する。核燃料サイクル事業も合理性がないから直ちに凍結して、六ヶ所村・東海村の核燃料施設と高速増殖原型炉「もんじゅ」を閉鎖する。六ヶ所村と「もんじゅ」は活断層の真上で危険性もきわめて高い。

法定の定期検査に入った原子炉の運転再開を認めなければ一二年四月には全五四基が停止す

るというが、正式には、第三者機関が全原発についてリスク評価を実施し、危険性の高いものから閉鎖を決定すべきだろう。真っ先に考えられる中部電力浜岡原発は、菅直人首相の要請で一一年五月に全面停止したが、津波対策が完了する二、三年後には再開するという。しかし、直下の東海巨大地震による激しい揺れや地盤隆起や大余震も非常に危険で、関東地方まで居住不能となる最悪の原発震災をおこすおそれが強いから、永久に閉鎖すべきだ。津波も、一九九七年の「原発震災」の論文で指摘したように、通常の東海地震と一六〇五年慶長津波地震タイプが連動すれば非常に高くなる可能性がある。東南海・南海地震が連動すればなおさらである。防波壁は役に立たず、あるいは地盤の隆起・変形で破壊されるかもしれない。

浜岡停止に伴い、ほかの原発は大丈夫と政府が言っているのは大問題である。大地震発生の可能性があって活断層も多い若狭湾の原発群、とくに運転歴三〇年を超える複数の老朽炉は非常に危ない。これらの原発震災は中京圏〜近畿圏を居住不能にしかねない。〇七年の地震被災後の健全性が不確実で直下の余震発生が懸念される柏崎刈羽原発や、中央構造線活断層系に面した伊方原発のほか、全国ほとんどの原発が明瞭な地震危険性を抱えている。しかも、止めてからも使用済核燃料の冷却保管に万全を期さなければならず、日本列島の原発は今後何十年も大きな不安材料でありつづける。

Ⅲ

原発の何が問題か

——社会的側面から

1　原子力安全規制を麻痺させた安全神話

吉岡　斉

1　安全神話がもたらした安全対策の欠陥

人災としての福島原発事故

福島原発事故の直接の原因は、地震動と津波だが、安全対策が劣悪だったことが事故の深刻化を招いた。この原発事故を筆者が基本的に人災と考えるゆえんである。安全対策における主要な欠陥について、以下三点に整理して述べる。

・第一の欠陥——重大事故についてのシミュレーションの欠如

第一に、最悪の場合にどのような事態が生じるか、それに対してどのように対処すべきか、についてシミュレーションが実施されていなかった。たとえば長時間の全電源喪失を想定しておらず、東京電力関係者は、遠方から電源車を搬入するなど泥縄式の対処しかできなかった。また圧力容器・格納容器の破壊に関するシミュレーションが実施されておらず、それを防ぐ対策も不在であった。さらに圧力容器・格納容器の破壊後の事故対処に関するシミュレーションが実施されておらず、その対策も不在であった。安全審査をパスするための建前として圧力容器・格納容器の破壊はあり得ないことになっていた。それが方便であり建前に過ぎないことが忘れられた結果、容器破壊後でもなお効果的な事故対処が可能な設計をしていなかった。

・第二の欠陥——指揮系統の機能障害

第二に、緊急事態における指揮系統が機能障害を起こした。

一九九九年九月のＪＣＯウラン加工工場臨界事故をうけて政府は同年、原子力災害特別措置法（原災法）を定めた。そこでは原子力緊急事態宣言を受けて首相官邸に設置される原子力災害対策本部（首相を本部長とする）が総司令部となり、そこが政府機関・地方行政機関・原子力事業者に指示を出すこととなっている。また官邸対策本部のサテライトとして原子力災害現地対策本部が、緊急事態応急対策拠点施設（オフサイトセンター）内に置かれ、そこで現地における事故対処作業の指揮をとることが想定されている。この仕組みの中で、官邸対策本部と現地対策本部の双方において、原子力安全委員会が専門的助言を行うこととなっている。

ところが今回、実際の指揮系統は全く異なるものとなった。現地対策本部はほとんど機能せず、東京でほとんど全ての意思決定がなされた。つまり首相官邸、経済産業省原子力安全・保安院、東京電力の三者が協議をし、東京電力の主導権のもとに、東京電力の現地本部を前線司令部として、事故対処作業が進められた。東京電力に実質的な拒否権が与えられていた。それにより初動対策の実施が決定的に遅れた。その後も現地での事故対処作業が政府主導ではなく東京電力主導のため、事故対応での人材の有効活用がなされていない。

・第三の欠陥――原子力防災計画の非現実性と避難指示の遅れ

第三に、今回の事故に対処できるような原子力防災計画が立てられていなかった。そのため住民避難等に著しい支障を来した。原子力防災計画は都道府県ごとに立てられるが、防災対策を重点的に実施すべき地域（ＥＰＺ）の範囲として、原子炉から約八～一〇キロと決められている。この極端に狭いＥＰＺは、立地審査で設定される「仮想事故」、スリーマイル島事故（一九七九年）、ＪＣＯ事故を踏まえて決められたもので、チェルノブイリ事故（一九八六年）を考慮していなかった。チェルノブイリ級の事故は日本では起こり得ないという思い込みが前提にあった。半径五〇キロ以上で設定するのが妥当であった。

なお、広域的な住民疎開などの事態も想定して、避難民輸送・受入体制も含めて広域的に

（たとえば関東地方、関西地方、九州地方などのブロック別）に防災計画を策定し、住民に周知させる必要があった。もちろん避難民の広域移動や、広域的なサポート体制の構築などを考えれば、全国的な原子力防災計画の策定も必要であった。

さらに住民の避難・屋内退避・退去等に関する官邸の指示が遅れたばかりでなく、その指示内容が二転三転し、しかも指示の根拠が全く示されなかったことが、周辺住民や首都圏を含む近隣地域住民を困惑させた。半径二〇キロ圏内については地震後二七時間に避難指示が出されて以降、指示の変更はなかったが、二〇〜三〇キロ圏内については地震から四日後に屋内退避指示が出され、二週間後に自主避難要請が付け加わり、一カ月後には大部分の地域が自主避難要請を残したまま緊急時避難準備区域へと変更された（ごく一部は指定解除された）。

事故の発展のおそれについて具体的シナリオを描かなければ、このような避難半径を算出することはできないはずであるが、シナリオは今も秘密とされたままである。また自主避難要請というのは、世界の原子力災害対策でも前例がない。しかも住民は事故シナリオについて全く情報を与えられていないのであるから、自主的な判断を下すことができるはずがない。

以上三点にわたって安全対策の欠陥について簡単に述べた。それらの欠陥の背景にあるのが「原子力安全神話」に他ならない。本章では、原子炉などの核施設が重大な損傷を受け大量の放射性物質が外部へ放出される事故は現実的には決して起こらないとする思い込みを「原子力安全神話」と再定義した上で、このキーワードを用いる。

原子力関係者はこのキーワードを最近まで使わなかった。しかしＪＣＯ臨界事故を受けて原子力安全委員会のウラン加工工場臨界事故調査委員会報告書が、「いわゆる原子力の「安全神話」や観念的な「絶対安全」という標語は捨てられなければならない」と指摘した。それ以来、日本の原子力関係機関は事故は起こり得るが、大事故のリスクは十分低くできる、という趣旨の議論を展開するようになった。しかしながらこうした議論もまた、筆者のいう「原子力安全神話」の範疇に含まれる。たとえ「日本では起こり得ない」や「絶対安全」といった強い表現が使われなくなっても、「リスクがきわめて小さく現実的には無視できる」と言い換えただけでは実質的に何も変わらないからである。

原子力安全神話による自縄自縛

この「原子力安全神話」はもともと、立地地域住民の同意を獲得し、立地審査をパスするために作り出された方便に過ぎなかった。しかしひとたび立地審査をパスすれば、電力会社はそれ以上の安全対策に余分のコストを費やす必要はない。こうして「原子力安全神話」が制度的に、原子力安全対策の上限を定めるものとして機能するようになる。いわば電力会社が自縄自縛状態に陥ったようなものである。もし立地審査をパスした原子炉施設について、追加の安全対策をほどこしたりすれば、その原子炉施設の安全性に不備があるというメッセージを社会に対して発信するため、タブーなのである。福島第一原発では負のイメージ形成を避けるという本末転倒の理由で、安全対策強化が見送られた可能性がある。そしてそれが原子力災害時の指揮系統の機能障害と相まって、福島原発事故をここまで深刻にしてしまったと考えられる。筆者が強調したいのは、原子力安全神話が口先の方便ではなく、安全規制行政において実質的機能を担ってきたという事実である。

2　原子力安全規制行政における経済産業省の独占体制の成立

「国策民営」体制

日本では、原子力事業の性格をあらわすものとして「国策民営」というキーワードが使われてきた。原子力事業を中心的に担ってきたのは電力業界をはじめとする民間企業であるが、その事業は政府方針に基づくものだった。民間企業は「国策」に服従する見返りに、組織や事業の安泰を政府によって保障されてきたのである。政府は国家計画を定期的に策定・改定し、それに基づいて電力業界に対する濃密な行政指導を行なってきた。

原子力政策における二元体制の確立

安全規制行政を含む日本の原子力政策の仕組みについて説明するには、歴史的アプローチが好適である。詳しくは吉岡斉『原子力の社会史——その日本的展開』を参照されたい。日本の原子力行政機構が確立したのは一九五六年のことである。この年、総理府に原子力委員会と科学技術庁が設置された。原子力政策の決定権は、原子力委員会が掌握することとなった。

その後一九七〇年代における米国の安全規制行政の分離・独立や、日本国内での原子力船むつの放射線もれ事件等を踏まえ、一九七八年一〇月に原子力委員会から、安全行政のみを司る原子力安全委員会が分離・独立し今日に至る。原子力政策の実施に関しては科学技術庁が掌握してきた。科学技術庁は原子力委員会及び原子力安全委員会の事務局をつとめ、政策決定においても実質的な主導権を握ってきた。

しかし原子力研究開発利用の草創期から、通商産業省も、電力産業を含む鉱工業全般を所轄する官庁として、原子力発電の産業としての将来性に期待を抱き、電力産業および原子力産業（機器製造メーカーを中心とする）との間に、密接な関係を築いてきた。そうした状況のもとで一九六〇年代に入ると、電力業界主導による商業原子力発電事業が台頭してきた。それにともない電力産業を所轄する通商産業省は、商業原子力発電事業に関わる政策の決定・実施において、実権を掌握するようになっていった。

こうして一九六〇年頃までに、科学技術庁が原子力発電政策全体を統括し、研究開発事業にも主導的役割を演ずる構造のもとで、商業原子力発電に関する政策を通商産業省が実質的に所轄する「二元体制」が整った。橋本龍太郎元首相が主導した行政改革によって中央省庁再編が実施される二〇〇〇年まではこの「二元体制」が君臨してきた。そのメンバーを通商産業省・電力グループ、および科学技術庁グループと呼ぶことができる。

二元体制から経済産業省主導体制へ

しかし一九七〇年代より時間の経過につれて、科学技術庁の存在感が低下してきた。その背景には日本の商業原子力発電事業が着実な拡大を進める一方で、科学技術庁の所轄する原子力関係の研究開発事業が全般的に遅延を重ねたという事情がある。そして遅延を重ねながらも核燃料サイクル事業が商業段階へとステップアップし、電力業界の子会社に相当する日本原燃に移管され、科学技術庁グループから離脱していったという事情がある。

さらに前述のように二〇〇〇年頃に大きな転機が訪れた。科学技術庁が解体されたのである。科学技術庁は中央省庁再編の生贄となったと言える。一九九五年一二月の高速増殖炉もんじゅナトリウム漏洩火災事故や、一九九七年三月の東海再処理工場火災爆発事故などで国民の信頼を失墜させたこととの責任を取らされる形で科学技術庁は解体された。それが経済産業省に漁夫の利をもたらし、原子力行政全体における実権掌握を可能としたのである。

二〇〇一年一月の中央省庁再編により誕生した経済産業省は、かつての通商産業省よりも大幅に強い権限を、原子力行政において獲得した。それに対して科学技術庁の後裔の文部科学省の原子力に関する主たる業務は、日本原子力研究開発機構(核燃料サイクル開発機構および日本原子力研究所を統合して二〇〇五年九月発足)における研究開発事業だけとなってしまった。そして原子力委員会と原子力安全委員会は、科学技術庁という実働部隊をもたない内閣直属(内閣府所轄)の審議会となった。

そして安全規制行政の実務を一元的に担当する組織として、経済産業省の外局である原子力安全・保安院（二〇〇一年一月発足）が発足した。経済産業省が商業原子力発電の推進と規制の双方を担うこととなったのである。

こうして二つの省庁の力関係は大きく様変わりした。従来の「二元体制」では両者の権限は拮抗していたが、二〇〇一年以降は経済産業省の力が圧倒的に優位となったのである。これを「経済産業省主導体制」と呼ぶことができる。

安全規制行政における経済産業省の独占体制

今述べたように安全規制行政は全面的に経済産業省の所轄となった。二〇〇〇年一二月までは原子力安全規制行政の頂点に原子力安全委員会が君臨し、その事務局として科学技術庁原子力安全局が実権を掌握していた。そうした体制のもとで一九九九年に起きたＪＣＯ臨界事故の対応・調査を担ったのは原子力安全委員会であった。

しかし今回の福島原発事故において、技術的助言を行っているのは主として経済産業省原子力安全・保安院であり、原子力安全委員会は存在感が希薄である。従来の「二元体制」のもとでは安全規制面でのチェック・アンド・バランス体制が、通商産業省と科学技術庁の間でそれなりに機能していた。もちろん科学技術庁内部では、原子力局と原子力安全局が同居しており、その意味では安全規制行政の推進行政からの独立性は保たれていなかったが、それでも全ての実権が経済産業省に集中する現在と比べるとチェック・アンド・バランスが機能する余地があった。しかしそれが消滅してしまった。

さらに原子力安全・保安院の傘下には原子力安全基盤機構（JNES）が、二〇〇三年に経済産業省所轄の独立行政法人として設置された。それは従来三つの財団法人（原子力発電技術機構、発電設備技術検査協会、原子力安全技術センター）に委託されていた業務を一元的に実施するために設置されたもので、いわば第二原子力安全・保安院に相当する機関である。国家予算から毎年二〇〇億円以上の運営費交付金を受け取っており、理事の多くは経済産業省出身者である。

3　「国策民営」体制の解体へ向けて

現代日本の原子力体制の六面体構造

現代日本の原子力体制の主要メンバーは以下のとおりである。

①**原子力委員会**　内閣府に属し、原子力政策の最高決定機関であるが、実権をもたない。

②**原子力安全委員会**　内閣府に属し、原子力安全規制政策の最高決定機関。実権をもたな

い。

③**経済産業省**　二つの外局(資源エネルギー庁、原子力安全・保安院)を所轄し、原子力行政の実権を掌握している。財団法人原子力発電環境整備機構(NUMO)も同省の所轄法人である。

④**資源エネルギー庁**　原子力を含むエネルギー行政全般を所轄する。総合資源エネルギー調査会の事務局として、原子力政策の企画立案の実権を掌握している。

⑤**原子力安全・保安院**　原子力安全規制行政の実権を掌握している。その傘下には原子力安全基盤機構がある。

⑥**一般電気事業者**(電力一〇社)　沖縄電力を除き全ての一般電気事業者が原子力発電所を保有する。

⑦**電力業界関係の会社・法人**　日本原燃、日本原子力発電、電源開発(Jパワー)、電気事業連合会(電事連)、電力中央研究所などがある。日本原燃は商業段階の核燃料サイクル事業全般を担当している。日本原子力発電は二カ所の原子力発電所を保有する。電源開発も原子力発電所を建設中である(青森県大間町)。

⑧**文部科学省**　科学技術庁解体にともない、その原子力関係業務の一部を引き継いだ。日

本原子力研究開発機構（経済産業省と共管）、放射線医学総合研究所などの独立行政法人を所轄する。放射線審議会も傘下に置く。

⑨**原子力産業**　原子炉は三菱重工業、東芝、日立の大手三グループによる寡占状態にある。

⑩**政治家**　自民党も民主党も所属議員の多くは原子力発電に賛成の立場をとっている。国民が選挙によって原子力政策に影響を及ぼす回路はほとんどない。政治家は原子力関連法の制定や原子力関連条約の批准の可否について決定権をもち、それを武器として原子力政策に影響を及ぼす。政策変更に際してはしばしば政治家のイニシアチブが発揮される。

⑪**地方行政関係者**　原子力立地に際して政府（電源三法交付金）や事業者（各種の協力金）から提供される利権の確保と配分を行う。地方自治体首長とくに県知事の役割は大きい。

⑫**大学関係者**　いわゆる旧七帝大及び東京工業大学が人材養成と政策助言者提供において重要な役割を演じている。とくに東京大学の存在感は大きい。

これらの組織がいわゆる「原子力村」（この言葉自体は一九九〇年代半ばから多用されるようになった）の「村民」である。その中で最も重要なのは経済産業省とその二つの外局（資源エネルギー庁、原子力安全・保安院）である。セクター別にみると「官」セクターが全体の元締めであり、その周囲を電力業界、政治家、地方行政関係者、原子力産業、大学関係者がとりまいている。そうしたメンバーの間での利害調整にもとづく合意にそって政策が定められる。六者間の談合による政策決定の仕組みを筆者は「核の六面体構造」と名付けている。それは「軍産複合体」や「鉄の三角形」と同様の構造である。

国家政策の役割

インサイダーの合意にもとづく原子力研究開発利用の方針を、国策としてオーソライズするうえで、歴史的に中心的役割を果たしてきたのは、一九五六年に設置された原子力委員会である。原子力委員会は法律上は日本の原子力政策の最高意思決定機関であり、所掌事務について必要あるときは、内閣総理大臣を通じて関係行政機関の長に勧告する権限をもつ。原子力委員会の定める国家計画の中心をなすのは、同委員会が数年ごとに改定する「原子力研究開発利用長期計画」(略称　原子力長計)である。一九五六年九月に最初の長期計画が策定されて以来、二〇〇〇年までに合計九回にわたり長期計画の改定が行われてきた。そして二一世紀に入ると長期計画は名称を改め、二〇〇五年に最初の原子力政策大綱が策定された。

原子力政策に関して実権を掌握しているのは、経済産業大臣の諮問機関である総合資源エネルギー調査会である。同調査会は一九六五年六月に総合エネルギー調査会として設置され、二〇〇一年に発展的に改組され今日に至る。二〇〇二年六月にエネルギー政策基本法が制定されたことにより、同調査会の定めるエネルギー基本計画が閣議決定されることとなった。この総合資源エネルギー調査会には、総合部会や需給部会の他に、電源開発分科会、電気事業分科会、電気事業分科会原子力部会、原子力安全・保安部会などもある。総合資源エネルギー調査会の活動の特徴は、法律の制定・改正の具体的方針が日々審議され、答申が出されるとただちに法令化されている点である。それに比べると原子力委員会は法律上の格は高いとはいえ、法律の制定・改正のための事務局機能を欠いている。

原子力事業に関わるハイレベルの国家計画としては現在、原子力委員会の定める原子力政策大綱や、経済産業省の定めるエネルギー基本計画などがある。電源開発調整審議会の定める電源開発基本計画は廃止されたが、総合エネルギー対策推進閣僚会議の指定する要対策重要電源の制度はなお存続している。これらの国家計画の注目すべき特徴は、民間活動を政府計画に組み入れ、「国策民営」として事業を進めさせていることである。その拘束力は強力であり、一民間会社の一事業に至るまで、包括的に国家計画に組み込んできた。

ひとたびそれに組み入れられれば、民間企業である電力会社やその傘下の公益法人・株式会社(日本原子力発電、日本原燃など)の事業もまた、国家計画の一部となり、官民一体となって推進すべき事業とされてきた。その場合、民間企業がみずからの判断で事業を中止したり凍結したりすることは困難であった。民間事業が国策協力という形で進められる以上、それに関する経営責任を民間業者が負わねばならぬ理由はなく、損失やリスクは基本的に政府が肩代わりすべきだという考え方が、原子力関係者の間での暗黙の合意であったとみられる。それが民間業者の継続的な関与を可能にしてきたが、無責任な経営体質の温床ともなってきた。

国策協力の見返りとしての原子力支援政策

日本政府は一連の国家計画により原子力関係者を束縛する一方で、原子力政策に協力する電力会社・メーカー・自治体などの組織・団体に対して、手厚い支援政策を講じてきた。それらのうち重要度が高いものは以下の四つである。いずれも巨額の税金をすでに投入しているか、「有事」(事故・事件発生時)において巨額の税金を将来投入する可能性のあるものである。

① 立地支援
② 研究開発支援
③ 安全・保安規制コスト支援
④ 損害賠償支援

立地支援の中核をなすのは、電源三法（電源開発促進税法、特別会計法、発電用施設周辺地域整備法の三者の総称）による支援である。立地に際しては電力会社が巨額の立地協力金や漁業補償費を地元に支払うが、政府も手厚い支援を行っている。研究開発支援は、金額上は政府の原子力関係予算の最大のシェアを占める。日本原子力研究開発機構だけで約二〇〇〇億円を占める。それが民間事業者による研究開発費の負担を軽減してきた。安全保安・規制コスト支援は、原子力が他のエネルギーとは異質の危険性（軍事転用、過酷事故等の危険性）をもつための追加コストである。しかしそれは本来、原子力発電を敢えて選択した電力会社が負担すべきものである。

最後の損害賠償支援は、いざというときに発動されるものであるが、これがなければ原子力事業が成り立たないほど重要な役割を果たしている。大事故を起こせば世界最大級の電力会社でも支払えないほどの巨額の損失が発生するため、それをあえて建設する電力会社は現れないだろう。それを打開するために「原子力損害の賠償に関する法律（原賠法）」が一九六二年に制定された。事業者は施設の種類に応じた金額（商業発電用原子炉は一二〇〇億円）の保険加入を義務づけられるが、それを越える損害が発生した場合には、政府が損害賠償の援助を行うことができると定められている。それが発動されるような事態となれば、電力会社が財務的に免責される一方で、巨額の国民負担が現実のものとなる。福島原発事故では原賠法がストレートに適用されることはなさそうだが、無制限の国債投入が行われる仕組みとなるかもしれない。

「国策民営」を超える

こうした「国策民営」体制が、原子力安全規制行政も巻き込んで構築され、維持されてきたことが、日本の原子力事業の拡大を可能とした不可欠のインフラストラクチャーだった。そうした体制下で、本章の前半で詳しく述べたように、厳しい安全対策の実施が阻害されてきた。だが原子力発電事業は経済性に重大な問題をかかえている。また安定供給という観点からも事故・事件・災害に対する脆弱性という重大な弱点をかかえている。さらに大事故を起こせば世界最大級の電力会社でも支払えないほどの巨額の損失を発生させる。そのような事業について政府が拡大計画を推進し、それと抱き合わせで手厚い優遇政策を講ずることは、国民利益の観点から妥当ではない。民間事業を束縛する国家計画そのものを廃止し、また原子力事業に対するあらゆる優遇政策を廃止することが必要である。さらに「国策民営」体制を可能としてきた電気事業の発送電一体の全国割拠体制を解体する必要がある。

また原子力安全規制については、原子力安全・保安院を解体し、国家行政組織法第三条による独立性の高い原子力規制委員会を創設する必要がある。資源エネルギー庁も不要である。

2　原発依存の地域社会

伊藤久雄

「原発依存の地域社会」という場合、それは単に原発が立地する市町村だけを指すわけではない。原発がつくり出す電力に依存して、豊かな生活を送ってきた大都市も同様である。それは表裏一体の関係にあるということができる。ここでは、その電力をつくり出す地域と消費する地域との関係を縦軸に、原発立地市町村の現状を最もよく表す指標である人口と財政力を横軸に、私たちが暮らしてきた地域社会の相互の関係を考えたい。

大都市、過疎地域、原発立地

「過疎地域市町村」という捉え方がある。それは過疎地域自立促進特別措置法(過疎法)に定められており、その要件は人口と財政力とである。人口要件は、一九六〇年から二〇〇五年ま

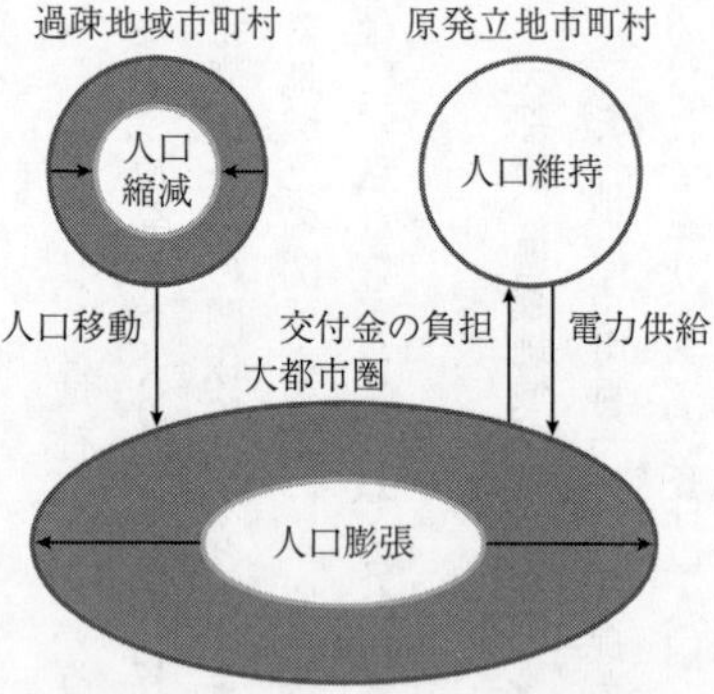

図1　大都市圏と過疎地域・原発立地市町村の関係

での四五年間の人口減少率が三三％以上であること、一九八〇年から二〇〇五年までの二五年間の人口減少率が一七％以上であることなどであり、そのいずれかに該当し、かつ財政力は、二〇〇六年度から二〇〇八年度までの平均の「財政力指数」(後述)が〇・五六以下の市町村である。

　これら過疎地域の人口は首都圏や中京圏、近畿圏に流入し、今日の大都市圏、とりわけ首都圏の繁栄をかたちづくる要因の一つとなった。そして、それら大都市圏に電力を供給してきた一つが原発立地市町村であった。「過疎地域市町村」との関係でいえば、原発立地市町村であって過疎地域に該当する市町村は、青森県東通村、宮城県石巻市、新潟県柏崎市、石川県志賀町、福井県おおい町、島根県松江市、愛媛県伊方町、鹿児島県薩摩《さつま》川内《せんだい》市の八市町村である。多くの原発立地市町村は、「過疎地域」ではない。

　福島県には、「過疎地域市町村」は一二三存在するが、原発が立地する双葉町、大熊町、富岡町、楢葉《ならは》町の四町は該当しない。このような過疎地域市町村と原発立地市町村、大都市圏の相互の関係を模式的に表せば、図1のようになるであろう。

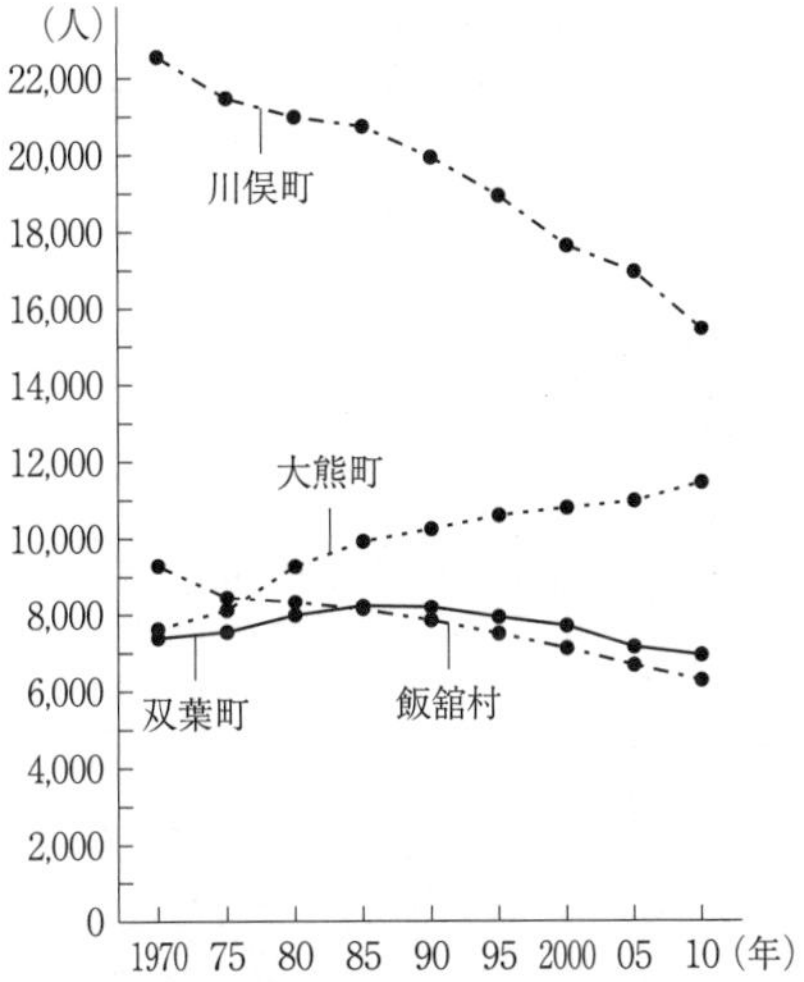

出所：国勢調査

図2　双葉町等の人口の推移

原発立地と過疎地域の人口

原発立地市町村と過疎地域市町村の人口の推移を、福島県の町村を例に見てみよう。図2の双葉町、大熊町は原発立地、川俣町と飯舘村は過疎地域である。また双葉町、大熊町は今回の福島原発の大事故によって全町避難を余儀なくされ、川俣町は一部が、飯舘村は全村が計画的避難区域とされている。

図2に見られるように、一九七〇年から四〇年間の人口の推移は大きく様相が異なっている。一九七〇年と二〇一〇年

表1　双葉町等の町村内総生産構成比

（単位：％）

	第一次産業	第二次産業	第三次産業		
			第三次産業全体	電気・ガス・水道業	卸売・小売業
双葉町	0.6	4.9	94.5	80.4	1.2
大熊町	1.0	9.4	89.5	70.9	1.2
川俣町	6.4	32.1	63.6	1.2	6.6
飯舘村	9.9	31.9	59.3	1.1	2.6

出所：2008 年度福島県市町村民経済計算の概要（福島県）

とを比較すると、双葉町六・六％減、大熊町四八・五％増、川俣町三一・六％減、飯舘村三三・八％減となる。大熊町の人口増が際立っているが、双葉町は原発建設期から運転開始（五号機は一九七八年、六号機は七九年）以降数年間は人口増が続き、ピークは一九八五年。その後は微減が続いている。しかし、人口減が三〇％を超えた川俣町、飯舘村とは明らかに違いがある。

表1のように、双葉町と大熊町の町内総生産は、圧倒的に電気・ガス・水道業（大半は電気、すなわち原子力発電事業）が多く、双葉町は約八割、大熊町は約七割を占めている。このような原発への依存度は、人口規模や財政力の小さい市町村ほど高く、全国の原発立地市町村も同様な傾向にある。

所得や地方税収入等の地域間格差

福島県の「一人当たり市町村民所得」が上位の市町村は、表2のとおりである。

「一人当たり所得」が最も高いのは広野町であり、以下、原発立地の四町が続く。広野町は広野火力発電所が立地する町で、五機の火力発電所が稼働している。また第九位の檜枝岐《ひのえまた》村は奥只見水力発電所があり、四機の水力発電所が稼働している。福島県の「一人当たり市町村民所得」は、上位一〇市町村のうち六市町村まで大規模発電所が立地していることになる。なお、福島県内の「一人当たり市町村民所得」の平均は二七四万三〇〇〇円であった。最も多い広野町の約半分ということになる。

「一人当たり市町村民所得」は、企業の利益なども含めた所得水準を表しており、個人の実収入の水準を表すものではない。だが、地域間の所得格差を計る代表的な指標であり、原発立地の四町と広野町の所得水準がいかに高いかを示している。そしてこの高い所得水準は、それらの町村の地方税に反映することになる。

表2 1人当たり市町村民所得が上位の市町村

(単位：千円)

	市町村	2008年度	主要産業
1	広野町	5,641	電気・ガス・水道業
2	大熊町	4,835	
3	双葉町	4,608	
4	楢葉町	4,555	
5	富岡町	3,939	
6	西郷村	3,309	製造業
7	磐梯村	3,263	
8	泉崎村	3,114	
9	檜枝岐村	3,111	電気・ガス・水道業
10	福島市	3,048	サービス業

出所：2008年度福島県市町村民経済計算の概要

二〇〇九年度の双葉町、大熊町、川俣町、

飯舘村の歳入の構成比は表3のようになっている。二つの原発立地町村と原発のない町との歳入構成の違いは明白である。第一に、地方税収入である。地方税は主に市町村民税(個人分と法人分)と固定資産税とである。大熊町に比較して双葉町が少ないが、この問題は後述する。

第二に、地方交付税における普通地方税の交付額の違いである。地方交付税は普通交付税と特別交付税に分けられるが、特別交付税は災害等の特別な事情のある時に国から交付されるのに対し、普通交付税は収入の地域間格差を是正するもので、自治体間の財源の不均衡を調整し(「財源調整」)、すべての自治体が一定の水準を維持できるように財源を保障する(「財源保障」)、という機能を持っている。

表3　双葉町等の主な歳入の構成比

(単位：%)

	地方税	普通地方交付税	国庫支出金	県支出金
双葉町	31.3	5.9	35.2	4.9
大熊町	47.5	0.0	24.0	5.6
川俣町	21.2	37.8	8.3	5.8
飯舘村	11.1	38.6	11.4	6.1

出所：2009年度決算カード

大熊町は財政が豊かなので、この普通地方交付税(以下、交付税という)が交付されない。双葉町は歳入の約六%程度の交付税が交付されているが、川俣町や飯舘村に比較すればごくわずかである。

第三は、国庫支出金の違いである。双葉町と大熊町が非常に多いのは、原発に関連した国からの交付金が多いからである。この交付金もまた双葉町と大熊町では構成比で一〇％以上の違いがある。これは双葉町の地方税収入が少ないことと関連しており、同町のような原発が立地しているのに財政状況のよくない市町村に共通した問題となっている。

なぜ財政構造が異なっているのか

それでは、なぜ双葉町と大熊町とでは歳入構造が異なっているのだろうか。川俣町、飯舘村も含めて、その基本的な財政構造を表4によって考えてみたい。

「財政力指数」は、自治体が自前の収入（基本的には税収）で財政を賄えるかどうかを表す指標である。具体的には、総務省が全国統一基準で測定する「基準財政需要額」と「基準財政収入額」によって判定され、この二つの基準額が同じであれば、財政力指数が1である。需要額と収入額を比較して収入額が多ければ財政力指数が1を上回り、交付税は交付されない。収入額が需要額に対して不足すれば財政力指数は1を下回り、その差額が交付税となる。

基準財政収入額は、自治体ごとに、標準的な状態で見込まれる税

表4　双葉町等の財政力指数等

	財政力指数	将来の負担(%)
双葉町	0.78	33.3
大熊町	1.50	▲242.7
川俣町	0.37	112.1
飯舘村	0.24	113.1

出所：2009年度決算カード

収入を一定の方法で算定したものである(収入実績ではなく、客観的なあるべき一般財源収入額としての性格を有する)。基準財政需要額は、標準的な水準で行政を行うための財政需要を一定の方法で算定したものである。それは財政需要の単位、例えば人口、道路面積・延長、公園面積、小中学校数、児童生徒数・学級数、生活保護人口などにその単位ごとの単価を掛け、寒冷地などの補正を行って算定する。

交付税の交付、不交付は、このように財政力指数によって大きく異なるものとなる。そして、四町村の大きな違いを表す指標は「将来の負担」である。(注1) この指標は、地方債現在高と債務負担行為支出予定額(翌年度以降に支出が決まっている額)の合計から積立金現在高(基金の合計)を引き、標準財政規模(地方税などの税収入に交付税も含めた標準的な財源)で割ったものである。家計でいえば、借金から貯金を引いた額を年間収入で割ったものに、ほぼ等しい。

この指標は大熊町が▲(マイナス)表示である。これは積立金の方が借金よりはるかに多く、積立金から借金を引いた額が標準財政規模の二倍を超えることを示している。家計に例えれば、貯金から借金を引いた額が年間収入の二倍になることになる。双葉町はわずかに積立金の方が多い。川俣町と飯舘村は借金の方が多く、借金から積立金を引いた額が標準財政規模とほぼ同額である。家計でいえば、貯金がなく、年間収入とほぼ同額の借金があることになる。

全国的な自治体財政の状況から見れば、川俣町や飯舘村のように、借金から積立金を引いた額が標準財政規模とほぼ同額というのは少ない方であるが、双葉町や、とりわけ大熊町と比較すると借金依存度が高い。大雑把にいえば、原発立地市町村は原発財源に、原発のない市町村は交付税と地方債という借金に依存している、ということができる。

ただし、川俣町と飯舘村は町村の成り立ちが異なる。川俣町はかつては絹織物の産地として栄え、現在は衰退してしまったところである。飯舘村は昔も今も純農村といえるところである。両町村とも町づくり、村づくりに懸命に努力してきたことに変わりはないが、双葉町、大熊町とは「豊かさの構造」が根本的に異なるのである。

明暗を分ける原発立地市町村

これまでは、福島県の四つの町村を中心に原発との関わりを考えてきたが、原発が立地しているのに財政が悪化している市町村は双葉町だけではない。先に見た財政力指数と「将来の負担」のほかに、双葉町が「早期健全化団体」になる要因である実質公債費比率を加えた三つの指標を一覧表にしたのが表5である。早期健全化団体とは、夕張市のように財政が破綻した「財政再建団体」(現在、全国で夕張市ただ一つ)の一歩手前の状況にある自治体である。財政再建

表５　原発立地市町村の財政状況

	原　発	財政力指数	将来の負担	実質公債費比率
東海村	日本原電・東海第二	1.78	▲36.2	3.0
刈羽村	東京・柏崎刈羽	1.53	▲578.9	1.3
大熊町	東京・福島第一	1.50	▲242.7	0.8
玄海町	九州・玄海	1.49	▲303.1	2.4
御前崎市	中部・浜岡	1.48	▲42.2	5.0
女川町	東北・女川	1.41	▲187.5	4.1
泊村	北海道・泊	1.17	▲226.8	8.6
東通村	東北・東通	1.15	50.7	20.4
楢葉町	東京・福島第二	1.12	▲14.1	11.6
敦賀市	日本原電・敦賀	1.11	55.1	9.2
おおい町	関西・大飯	1.10	▲86.8	8.2
高浜町	関西・高浜	0.97	▲3.7	13.0
志賀町	北陸・志賀	0.96	105.5	12.7
富岡町	東京・福島第二	0.92	73.1	17.1
柏崎市	東京・柏崎刈羽	0.79	204.4	21.9
双葉町	東京・福島第一	0.78	33.3	26.4
美浜町	関西・美浜	0.73	70.7	16.4
松江市	中国・島根	0.58	262.7	18.0
伊方町	四国・伊方	0.54	103.2	14.9
石巻市	東北・女川	0.51	166.3	14.3
薩摩川内市	九州・川内	0.50	173.5	11.0

出所：2009年度決算カードから作成

団体がレッドカードだとすれば、早期健全化団体はイエローカードである。地方財政健全化法では四つの指標を定めており、四つの指標のうち一つでも基準を超えると、早期健全化団体となる。

実質公債費比率は四つの指標の一つであり、公営企業分もふくめた実質的な公債費(元利合計の支出)に当てられるものの割合である。これが一八％を超えると起債に知事の許可が必要になり、二五％を超えると起債が制限されるとともに、早期健全化団体になる。

表5では、財政力指数が最も高い東海村から、最も低い薩摩川内市まで並べてみた。二〇〇九年度に財政力指数1を上回った交付税不交付団体は一一団体であったが、二〇一〇年度には東通村、敦賀市、おおい町が交付団体に移行し、八団体になった。いずれにしても財政力指数1の前後で大きな違いが生じている。それは、財政力指数1以上の団体のほとんどは「将来の負担」が▲表示で、積立金の方が借金より多いこと、実質公債費比率も一〇％以下が多いこと、などである。これに対して、1以下の団体は借金の方が多く、柏崎市や松江市などは、借金と積立金の差額が標準財政規模の二倍にもなる。実質公債費比率もおおむね一〇％を超え、双葉町、東通村、柏崎市は二〇％を超える。双葉町は二五％を超え、早期健全化団体である。

このように原発立地市町村といえども、その半数は財政が悪化しているのである。「なぜ原発があるのに、交付税が交付されなければならないのか」「なぜ多額の原発関連交付金が交付されるのに、借金が多いのか」などの疑問の声があがるのも当然である。原発と財政との関連は、原発が立地する市町村の規模（面積、人口）や産業構造、原発の稼働機数、稼働年数などによっても異なるが、基本的な問題は原発関連交付金と固定資産税（いわゆる原発マネー）にある。

原発関連交付金と固定資産税

原発関連交付金は電源三法にもとづいて交付される（したがって電源三法交付金という）。経済産業省資源エネルギー庁のモデルケース（二〇一一年度版）[注2]によれば、次のような財政効果をもたらす。出力数が多く、運転機数が多いほど巨額になるのである。

●出力一三五万キロワットの原発立地に伴う財源効果（交付金）の試算（建設期間七年間）

◇環境影響評価の三年間を含めた一〇年の建設期間―総額約四八一億円　◇運転開始から一四年間―毎年約二一・一億円　◇運転開始後一五年から二九年まで―毎年約二一・一億円　◇運転開始後三〇年から三四年まで―毎年約二八・一億円　◇運転開始後三五年から三九年まで―毎年約二三・一億円　◇運転開始後四〇年以降二四・一億円

原発関連交付金は、当初は公共施設（いわゆる「ハコモノ」）や道路、港湾などのハード事業にのみ使途を認めていたが、二〇〇三年度から地場産業の振興や福祉サービスなどのソフト事業にも使途が拡大された。柏崎市の実績を見ると、二〇〇八年度の使途は次のようになっている。

【国からの交付金】元気館管理運営事業、学校給食共同調理場運営事業、学校管理運営維持事業、クリーンセンター管理運営事業、保育園運営事業など（最も多い保育園運営事業は八億八八〇〇万円）

【国から県を通じて交付される交付金】　図書館・博物館管理運営事業、消防署運営事業、高齢者予防接種事業、老人保護措置委託事業、体育施設管理運営事業、地域コミュニティ活動推進事業など（最も多い消防署運営事業は五億円）

一方、固定資産税は償却資産に対して課税される。原発施設の償却資産課税は、税制上の耐用年数が一六年であるため、運転開始から五年で半分になり、以下毎年減っていき、二〇年以降は約一億円程度になる。なお、やや古いデータだが、二〇〇四年度版の資源エネルギー庁の一三五万キロワットのモデルケースでは、初年度の固定資産税は六三億円と試算されている。

このように、原発関連交付金は運転開始以降も安定的に交付されるのに対し、固定資産税は運転開始以降、毎年激減していく。このため、稼働し始めたばかりの原発のある市町村と、古い原発ばかりの市町村では、固定資産税収入に大きな開きが出ることになる。固定資産税収入の激減した市町村はその一部を交付税に頼るとともに、交付金の増額や使途の自由化などを要望し、さらに次の新たな原発建設を誘致する動機づけにもなるのである。

さらに、原発による巨額財源は過大な施設建設を促し、その過大施設の維持経費が財政を圧迫する。いったん肥大化した財政を縮小するのが困難なことは、家計と同様である。原発立地市町村の原発依存の構造は、強固で揺るがしがたいものになってしまっているのである。福島第一原発の大事故を受けて、静岡県御前崎市に立地する浜岡原発が停止することになった。御前崎市の財政力維持と約三〇〇〇人といわれる雇用確保のために、原発停止に戸惑いを隠せない人々がいるのも、原発依存の財政構造があるからである。

電力大消費地から考える

現在、私たち電力消費者が納める電気料金は、一〇〇〇キロワット当たり三七五円が、電源開発促進税として電力会社から国に納入されている。これが、国のエネルギー対策特別会計を通して電源立地地域対策などの交付金となる。日本の一般家庭の世帯当たり電気使用量は一カ月約三〇〇キロワットといわれているから、一カ月一一二・五円、一年間で一三五〇円程度を負担していることになる。この電源開発促進税の年間の税収は三一〇〇億円程度、このうち、電源立地地域対策交付金などとして交付される電源立地地域対策費は、一六三八億円であった（いずれも二〇一〇年度予算）。

電源立地地域対策交付金等のうち、原発関連交付金は約七割といわれている。私たちは、原発賛成、反対に関わりなく、原発立地市町村の振興のために、電源開発促進税という税金を負担しているのである。もちろん、過疎地域市町村の人々も等しく負担しているのだが、大都市圏は様々な産業が大規模に集積し、大量に電力を消費しているのである。

福島第一原発の大事故は、事故終息の見通しが立たず、一号機から六号機まで、すべて廃炉になることは確実である。これまで、原発マネーによって豊かな地域社会を築いてきた双葉、大熊の両町は、第一原発の廃炉によって「豊かさの基盤」を一挙に失うことになった。また第二原発のある富岡、楢葉の両町やその周辺の町村も、全域もしくは一部避難を余儀なくされている。今後の復興の道のりも険しいものがある。

一方、電力大消費地に暮らす私たちも、これまでのような電力消費を継続することはできなくなった。個々人の生活スタイルだけでなく、東京圏に一極集中してきた産業や、都市形成のあり方まで問われているのである。

（注1）夕張市財政の破綻以降策定された自治体財政健全化法にもとづく指標に「将来負担比率」がある。しかしこの比率は計算式が複雑であるとともに、財政の実態を正確に表していないと考えている。ここで使った「将来の負担」は健全化法以前に使われていた指標である。

（注2）経済産業省資源エネルギー庁発行の「電源立地制度の概要」は、電源三法の仕組みと、それにもとづく補助金や交付金制度について紹介している。

3　原子力発電と兵器転用
――増え続けるプルトニウムのゆくえ

田窪雅文

ウィキリークスが伝える米国の懸念

福島第一原子力発電所の震災事故発生から二カ月近く経った二〇一一年五月七日、ウィキリークスが一連の米国の外交公電を公開した。その多くが、日本の原子力施設の防護体制に対する米国側の懸念を示していた。

原子力施設の防護が問題になるのは、①攻撃を受けた施設が放射性物質をばらまく兵器の役目を果たす、②施設内の核物質・放射性物質が盗み出され兵器として使われる、という二つの可能性があるためである。①がどのような結果を招きうるかを垣間見せたのが、福島第一原子力発電所の状況である。原子力施設は敵側の兵器に変わりうる。②は、ウラン濃縮と使用済燃料の再処理という原子力技術が、もともと、核兵器の材料を作るために開発されたものであることからくる。核分裂しやすいウラン235の比率を高めるのがウラン濃縮。原子炉で生成されるプルトニウムと使い残りのウランを使用済燃料から取り出すのが再処理だ。民生用として建設されたウラン濃縮工場でも、核兵器に使える高濃縮ウランを製造できる。再処理工場の製品プルトニウムはそのまま核兵器に使える。

二〇〇一年九月一一日の同時多発テロの後、核セキュリティー(防護体制)についての関心が高まる中、これらの点についての日本側の認識が甘いと米国大使館関係者らが見ていたことを公電の内容は示している。

この章では、攻撃対象としての原子力施設について見た後で、再処理によってプルトニウムを作り続ける日本の政策について検討してみたい。

武力攻撃への対応は可能なのか

二〇〇六年一月一七日の公電は、国民保護法に基づいて二〇〇五年一一月二七日に福井県の関西電力美浜原子力発電所で行われた日本で初めての核テロ訓練について触れている。訓練のシナリオは次のようなものだ。午前七時頃、美浜発電所が国籍不明のテロリストによる攻撃を受ける。原子炉は自動停止するが、偶発的な故障が重なり、冷却機能を喪失、炉心損傷の可能性。昼頃、住民避難の指示を出し、午後二時五〇分頃すべての住民が避難所に到着、スクリーニング等開始、というものだ。唯一の外国人として参加した米国大使館スタッフは、「台本通りで少し完璧すぎる」との感想を伝えている。公電は、さらに次のように述べている。「訓練が、主として住民の避難と緊急対応システムの強化に焦点を合わせたものであるため、「武力対武力（ＦＯＦ）」演習に当たる訓練は組み込まれていなかったようだ」

また、二〇〇七年二月二六日の公電は、文部科学省の管轄下にある東海村の原子力施設の警備態勢について驚きを表明している。「プルトニウムの主要貯蔵施設のひとつである東海村施設に武装警備員が配置されていない点について文部科学省に質問したが、その答えは、現地の必要性と利用可能な態勢に関して検討したところ、この施設での武装警官の配置を正当化するのに十分な脅威は存在しないとの結果が得られたというものだった」

米国の原子力発電所では、警備に当たっている民間会社の警備員は武装している。そして、原子力規制委員会（ＮＲＣ）が、一九九一年以来各原子力発電所でＦＯＦ演習査察を実施してその警備体制を調べている。査察は、二～三カ月前に予告して、三週間にわたって行われるが、その一環として、ＮＲＣの指揮下の模擬攻撃部隊が原子炉と使用済燃料の安全システムに攻撃を仕掛け、警備員部隊が迎え撃つというのがある。実際の武器の代わりにレーザーとレーザー受光器が使われ、三日間で三度の攻撃を仕掛ける形で行われる。

この査察は、現在、すべての原子力発電所に対し、三年に一回の割合で実施されている。九・一一以前は、八年に一回だった。二〇〇九年には二二の発電所でFOF演習査察が実施され、そのうち三回で攻撃目標群全体の損傷または破壊が達成されてしまった。

日本の原子力発電所の警備に当たっている警備会社は、もちろん武装していない。警察や海上保安庁が武装警備を提供しているが、その状況についての情報公開が進んでいないので実態は明らかではない。だが、武装警官が二四時間施設内で警備に当たり、米国のような本格的なFOF演習査察を実施するという態勢にないことは間違いない。二〇一〇年一一月二六日に石川県の北陸電力志賀原子力発電所で石川県警の銃器対策部隊と愛知県警の特殊急襲部隊（SAT）による外国人武装工作員の制圧訓練が行われたが、宣伝的要素が多いものといえよう。

米国でのFOF演習査察も、攻撃側部隊を提供しているのは、米国の多くの原発の警備に当たっているワッケンハット社であり、攻撃作戦が事前に漏れる可能性があるなどの問題点が指摘されている。それに対してNRCは、攻撃の作戦を作成するのはNRC自身であり、攻撃側部隊に加わるワッケンハット社の警備員が、査察をする原子力発電所とは別の地域から来ることを強調する。攻撃側の人数の想定が五人程度にすぎないことも批判されている。また、航空機での突入はシナリオに入っていない。フランスは、九・一一直後から三週間にわたって、ラアーグの再処理工場の周りに対空ミサイルを配備した。これらを考えると、原子力施設の警備は、日本の制度・社会が対応できるようなものなのかという疑問がわく。さらに、イランの核施設のコンピューター・ウイルス感染の例が示すように、サイバー攻撃に備える必要もある。

戦時の際に、原子力施設が攻撃対象となるのを防ぐ国際的規定としては、現在のところ、一九七七年に採択されたジュネーブ条約第一追加議定書「国際的武力紛争の犠牲者の保護」があるだけだ。その第五六条は、「ダム、堤防及び原子力発電所は、これらの物が軍事目標である場合であっても……文民たる住民の間に重大な損失をもたらすときは、攻撃の対象としてはならない」と定めている。だが、「原子力発電所については、これが軍事行動に対し常時の、重要なかつ直接の支援を行うために電力を供給しており、これに対する攻撃がそのような支援を終了させるための唯一の実行可能な方法である場合」は例外としてしまっている。しかも、この条項には、使用済燃料の貯蔵施設や再処理工場などは含まれていない。

インドとパキスタンは、互いの核関連施設を攻撃しないとの協定を結んでいる(一九九一年発効)。この種の条約を普遍的なものにすることが望ましいが、核兵器の使用を認めないとの規範がないなかで、条約がどれほどの実効性を持つかは不明だ。

再処理工場で生産されるMOXとは

日本は、非核保有国では唯一の大型の商業用再処理工場を運転しようとしている。青森県上北郡六ヶ所村の六ヶ所再処理工場だ。二〇一二年一〇月商業運転開始予定のこの工場は、年間約八トンのプルトニウムを分離する能力を持つ。「八キログラムが行方不明になれば、核兵器が一発作られている可能性があると思え」とするIAEAの規定に従えば一〇〇〇発分だ。

これに対し、同工場では核兵器の材料になるプルトニウムを単体では取り出さないから「核拡散抵抗性」が高いとの主張がよくされる。同工場では、一度、工程内でウラン溶液とプルトニウム溶液の流れに分けた後、ウラン溶液の一部をプルトニウム溶液と一対一の割合で混ぜ、これを混合脱硝して、混合酸化物(MOX)粉末を作る。普通の再処理工場と違い、製品が二酸化プルトニウムではないから、核兵器への転用につながりにくいというのが、この主張の意味だ。再処理工場に隣接して建設中のMOX燃料工場では、このMOXにさらに劣化ウラン(ウラン238)を加えて普通の発電用原子炉「軽水炉」で使う「MOX燃料」を製造する計画だ。

再処理工場の製品としてMOXを製造するこの混合処理方式は、一九七七年に始まる米国との交渉の結果採用されたものだ。紆余曲折を経て、日本側が米国の要求を呑み「核拡散抵抗性」の高い方式が採用されたことになっている。

だが、当時の米政府の内部文書は、米国側が当初から混合処理の「核拡散抵抗性」は高くないと認識していたことを示している。例えば、ズビグネフ・ブレジンスキー補佐官は、一九七七年八月一三日付のカーター大統領へのメモで、「混合処理自体は、核拡散抵抗性を高める上で重要な追加的ステップと広くみなされてはいない……混合処理は、核拡散防止のために有望とみなされてはいない方向に進むよう日本に強要することになる」と述べている。日本に再処理を放棄させたかったカーター政権だが、日本の強硬姿勢に直面してこれをあきらめ、核拡散防止努力の体面を保つために日本に核拡散防止に役立つ特殊な技術を採用させたことにしたというのが実態だろう。

このとき米国側で議論されたのは、一対一のＭＯＸが次のような方法で核兵器に利用できるという点である。①ＭＯＸそのまま、②ＭＯＸをウラン・プルトニウム金属にしたもの、③ＭＯＸからプルトニウムを分離した後で金属に転換したもの。普通は③の方式が議論されるが、①②のように、プルトニウムを分離しなくてもそのまま核兵器に利用できるということだ。③に関しては、国際原子力機関（ＩＡＥＡ）の『ＩＡＥＡ保障措置用語集』は、通常の再処理の製品である二酸化プルトニウムとMOXを同じ範疇で扱っていて、これらを核爆発装置の金属構成要素に転換する時間は一〜三週間となっている。

再処理が大変なのは、核燃料の使用中に発生する核分裂生成物が強い放射能を持つからである。これを取り除いたMOX製品からプルトニウムを分離するのは簡単だ。にもかかわらず、二〇〇六年一一月二四日の記者会見で六ヶ所再処理工場を所有する日本原燃の兒島伊佐美社長(当時。東京電力出身)は、また再処理工場が必要となると主張しているが、これが間違っているのは言うまでもない。NRCの文書は、必要なのはガレージ規模の設備だと述べている。

原子炉級プルトニウムからも核兵器が……

六ヶ所工場での再処理を正当化するのに日本で使われる議論がもう一つある。兵器級のプルトニウムの場合、プルトニウム239の含有量が九三%以上だが、日本の原子力発電から出てくる原子炉級プルトニウムでは六〇%程度だから、核兵器への転用はできない、というものである。これは、原子力発電の目的で長期間燃料を使っていると、プルトニウム239以外に、勝手に「自発核分裂」を起こして中性子を出すものが増えたり、ガンマ線や発熱の量が大きくなったりすることに言及したものである。特に強調されるのは、「自発核分裂」で生じる中性子のために核分裂反応が早期に始まってしまい、期待されたほどの威力がでないという問題だ。

だが、韓国出身の科学者姜政敏《カン・ジョンミン》氏（東京大学で原子力工学博士号取得）と鈴木篤之（現日本原子力研究開発機構理事長）・鈴木達治郎（現原子力委員会委員長代理）の両氏らは、日本原子力学会の英文誌二〇〇〇年八月号に発表した論文で、原子炉級プルトニウムで核兵器ができると結論づけている。そして、一九四五年の長崎の原爆の技術でもＴＮＴ火薬換算で数百トンの威力の爆発は保証でき、もっと進んだ技術を使って爆縮の速度を上げれば「自発核分裂」の問題は解消できることをデータにより示している。

この問題について、ＩＡＥＡのハンス・ブリックス事務局長（当時）も、一九九〇年に、次のように述べている。「（ＩＡＥＡは）原子炉級プルトニウムも……核爆発装置に使うことができると考える。当機関の保障措置部門にはこの点に関して論争はまったくない」

また二〇〇五年五月、四人のノーベル物理学賞受賞者やウイリアム・ペリー元国防長官を含む米国の専門家ら二七人（発表後、ロバート・マクナマラ元国防長官が加わり、署名者数は二八人）は、『六ヶ所使用済燃料再処理工場の運転を無期限に延期することによってＮＰＴ（核不拡散条約）を強化するよう日本に要請する』という文書で、こう述べている。「いろいろ間違ったことが言われているが、テロリストも、民生用のプルトニウムを使って強力な核兵器――少なくともＴ

NT火薬換算で一〇〇〇トン(一キロトン)の破壊力を持つもの——を作ることができる」

広島に投下された原爆は一六キロトンだったが、たとえ一キロトンの核兵器でも、その破壊半径は、広島型原爆の三分の一から二分の一に達するから、とりわけ大都市で使われた場合、大惨事をもたらすことはいうまでもない。

これに対して、再処理推進派の中には、日本はNPTを遵守しており、核兵器を作る意志がなく、そもそも核兵器を作る気になれば、問題の多い原子炉級プルトニウムを使うはずがない、と主張する者もあるが、これは的外れである。原子炉級プルトニウムが疑惑国やテロリストに渡った場合、安心していられるか。あるいは、平和利用の名目で再処理工場を作る国が増えた場合、秘密裏に原子炉級プルトニウムで核兵器を作ろうとする国や、場合によっては入手した再処理技術を使って公然と兵器級プルトニウムを作る国が現れないか。これが問題なのである。

プルトニウムを作り続ける不可解さ

もともと、再処理で取り出されたプルトニウムは、高速増殖炉用MOX燃料のためのもののはずだった(軽水炉用MOX燃料はプルトニウム含有度が四〜九%なのに対し、高速増殖炉用では二〇〜三〇%となる)。高速増殖炉は、発電しつつ、使用した以上のプルトニウムを作り、無尽蔵のエネルギー源となるという「夢の原子炉」だ。だが、原子力委員会が一九六一年の時点で一九七〇年代としていた高速増殖炉の実用化の予測時期は遠ざかり続け、同委員会の二〇〇五年の『原子力政策大綱』では「二〇五〇年頃から商業ベースで導入」となっている。一九九五年のナトリウム火災事故を起こした高速増殖原型炉もんじゅは、二〇一〇年五月にやっと運転再開したものの、八月に燃料交換用炉内中継装置の落下事故を起こし、またもや運転中止となった。こうして、利用の目処の立たないまま、日本のプルトニウム保有量は、二〇〇九年末現在で約四六トンに達している。この状況でプルトニウムを作り続けることを正当化するために推進されているのが、プルサーマル計画だ。ウラン資源を有効利用するためには、六ヶ所再処理工場でプルトニウムを分離し、これをプルサーマルで使うことが必要だと説明される。

だが、六ヶ所工場を今、無理矢理動かそうとしているのは、ウラン資源の有効利用などいろいろ公に説明されていることのためではなく、使用済燃料貯蔵対策であると、初代外務省原子力課長(一九七七〜八二年)の金子熊夫氏が指摘している(『エネルギー』二〇〇五年一一月号)。各地の原発の使用済燃料プールが満杯になりつつあり、その行く先を確保するために六ヶ所工場の横にある受け入れプールが必要なのだと氏は言う。このプールも満杯に近づきつつある。そこで、このプールの使用済燃料を再処理工場に送り込んで、空きを作ろうということだ。

出てくるプルトニウムを無理矢理使うのがプルサーマル計画だが、福島第一原子力発電所の事故で、この計画の遂行は今までにまして困難となった。使用済燃料対策が必要なのであれば、その問題に正面から取り組むべきだ。

九・一一の後、米国では、設計当初の設定を大幅に超える量を詰め込んだ各地の原子力発電所の使用済燃料貯蔵プール——特に福島のような原子炉建屋の上部に位置する沸騰水型原子炉のもの——へのテロ攻撃の可能性が問題となった。そして、取り出し後五年以上経った使用済燃料は、冷却水を必要としない自然対流空気冷却の乾式貯蔵施設に移すべきだとの議論が巻き起こったが、日本ではあまり注目されなかった。仮に全ての原子力発電の中止を決定しても、使用済燃料の長期貯蔵問題は残る。安全な貯蔵方式は、日本でも早急に検討すべき問題だ。

必要のないプルトニウムを作り続けるという不可解な政策をとる日本の意図に外国が疑問を持っても仕方がない。例えば、一九六九年に外務省の外交政策企画委員会が作成した『わが国の外交政策大綱』が「核兵器については、NPTに参加すると否とにかかわらず、当面核兵器は保有しない政策をとるが、核兵器の製造の経済的・技術的ポテンシャルは常に保持する」との考え方を示していることなどが注目されてしまう。疑いを持たれたくなければ、今回の事故を契機に再処理計画は即座に中止すべきである。

Ⅳ

原発を
どう終わらせるか

1　エネルギーシフトの戦略
――原子力でもなく、火力でもなく

飯田哲也

日本の二〇世紀の忘れ物

これまで日本のエネルギー・原子力政策は、エネルギー安全保障対策でも温暖化対策でも明らかに失敗してきたのだが、政官財学の「古い構造」のために揺らがなかった。日本の環境エネルギー政策が、根強くこうした「二〇世紀型パラダイム」に留まっている深因は三つある。

第一に、政策を支える「知」が、欧米の常識や現実から隔離され、過去の経験・知見や他分野・他領域から隔離された、「知のガラパゴス」とも呼べる状況にあることだ。

第二に、青木昌彦氏がかねてより指摘する「仕切られた多元主義」の弊害が、ますます加速しているのではないか。各省庁が独立王国のように政治的決定を繰り返す。片山善博氏が絶妙にたとえたとおり、「一日署長」のような大臣はお飾りでしかない。

そして第三に、もっとも構造的な問題は、日本の一〇電力体制であろう。太平洋戦争後、戦時体制で一元化されていた日本発送電を再分割する時に、地方公営か民間会社かの熾烈な論争と政争の結果、今日見るような電気事業体制が始まった。全国を一〇の地域に分け、それぞれの地域を唯一の電力会社が独占する「地域独占」と、発電から送電、配電、売電までの機能を一つの電力会社が独占する「垂直統合」(機能の独占)である。それぞれ一九九〇年代後半からの規制緩和・自由化の流れの中で、部分的な自由化は進められたものの、「二つの独占」の実態は変わっていない。こうした「二つの独占」を維持している状況は、世界的に見ると極めて異例なことといえる。

今回の巨大地震と津波は、こうした日本の環境エネルギー政策の状況を、根底からアップデートしてゆく好機ではないか。国の安全規制やエネルギー政策や電力独占を、体制と内容の両方で一新すべきだろう。

自然エネルギーの急成長と日本の立ち遅れ

地球温暖化対策の中でも、自然エネルギーの領域では、近年、「第四の革命」と呼ばれる驚異的な変化が始まっている。農業、産業、ＩＴに次ぐ「第四」の、いわば二一世紀の社会革命とのたとえだ。

二〇〇四年以降、風力発電は毎年三〇～四〇％のペースで市場拡大が続き、二〇一〇年は世界全体で三六〇〇〇万キロワットも増えている。太陽光発電は毎年六〇％の拡大で、二〇一〇年は一六〇〇〇万キロワットも増えている。この分野の投資額も毎年六〇％もの成長を続け、リーマンショック後でもなお着実に成長し、二〇一〇年にも前年比三〇％増・約二〇兆円（二三〇〇億ドル）に達している（図1）。しかし、そのほとんどの市場は「日本の外」にある上、その市場の獲得で日本企業は苦戦している。

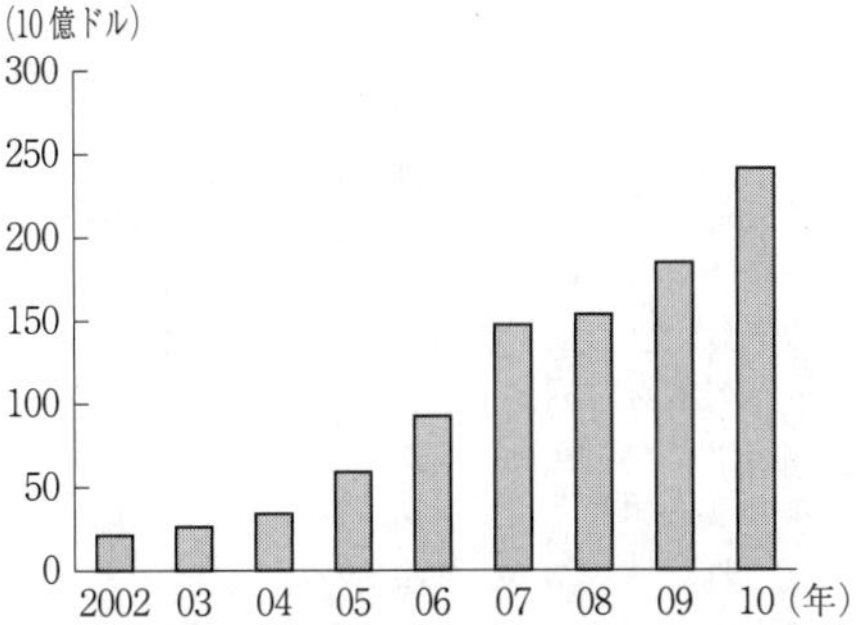

図1　自然エネルギーへの世界全体の投資額

　日本はかつて、太陽光発電の普及と生産の両方で世界のトップを走っていたが、急拡大する世界の太陽光発電市場と激しさを増す競争のなかで、今や大きく後れを取っている。風力発電は普及に関しても世界で一八番目、製造でも国内トップメーカの三菱重工業が世界のトップ10に入ることができない。このように、十分に機能する環境政策(この場合は自然エネルギー政策)が欠落していたために、少なくとも日本は、ミクロ(企業)レベルで見た競争力において明らかに後退している。

経済と環境エネルギーとの基本的な関係

なぜ日本は、このような状況に陥ったのか。経済と環境エネルギーに関する基本的な関係を考える。

かつて、自民党の麻生太郎政権のときに実施された「麻生中期目標検討会」やそれを受けた民主党政権で行われた検証では、エネルギー計量経済モデルをもとに、温暖化対策の実施によって国内経済(GDP)がどれだけ低下するかに焦点が当たっていた。

細かなモデル論(前提条件の妥当性など)は横に措いたとしても、当時の議論では、エネルギー計量経済モデルが陥りやすい、本質的な問題を抱えたまま、「国民一世帯あたり三六万円の負担増」といった「分かりやすい間違い」へと世論が誘導された。

まず「本質的な問題」として、国民負担の大小を前面に出して判断を迫る、視野の狭い経済成長主義の問題がある。そこには、経済の仕組みに社会的費用を織り込むこと、将来世代に対する予防原則の姿勢、GDPという指標自体がとくに日本のような成熟経済においては国民の幸福を必ずしも表象するものではないこと、といった基本的な視点が欠けていた。

仮に「負担」が生じるとしても、長期的な壊滅的影響を最小限に食い止めるために、現世代の「負担」が必須だとする「スターン報告」に大前提を置く必要があったのだが、その基本哲学もまた、欠けていた。

次に、一般論として、経済とエネルギーについての認識の問題がある。経済のありようは様々な要因から決まり、エネルギーはその一つに過ぎない。しかし、エネルギーは経済のありように大きく影響される。一部のエネルギー計量経済モデルでは、経済活動を小さくすることで、エネルギーも減らし、目標を達成する論調も見受けられるが、重要なのは両者のバランスである。

さらに、排出量規制の制約を課すと、計算上、課さないケースに比べて、必ずGDPは減少せざるをえない。しかし、それは必ずしも現実の経済を反映するものではなく、むしろ逆と考えた方が良い。なぜならそれらの計算では、「今の産業構造・社会構造がそのまま続く」というモデルを使っており、将来のさまざまなイノベーションが十分に反映できていないからだ。

ただし、この問題点は、その後に実施された環境省中長期ロードマップの評価で、大幅に改善された。

また、経済成長の原動力として、過去に行われた公害規制や自動車排ガス規制が産業にイノベーションを引き起こし、経済成長を促してきたという「ポーター仮説」が重要である。とくに、今後のイノベーションのチャンスは、現在の温室効果ガスの大排出源になっている大規模工場やエネルギー多消費産業のプロセスよりもむしろ、省エネ家電・電気自動車・太陽光発電といったエンドユーザー側のプロダクトやサービスにある。

欧州の「エコロジー的近代化」

実際の歴史的経験に照らすと、一目瞭然である(図2)。温暖化対策や自然エネルギー支援策を積極的に採ってきた国々は、しっかり経済成長をしながら、温室効果ガス(とりわけエネルギー起源の二酸化炭素)を大幅に減らしているのに対して、日本はもっとも経済成長率が低かったにもかかわらず、逆に温室効果ガスを増やしてしまった。

これは、直接的にはエネルギー転換の違いが大きい。二〇〇〇年以降、欧州では、風力、太陽光、天然ガスという「クリーン御三家」へのシフトが加速した(図3)。

この電力シフトの重要な背景となったのは、エコロジー的近代化と需要プルの二つである。

この政策思想の進化によって、欧州では、とりわけ一九九〇年代に環境エネルギー政策の手法が大きく進展し、自然エネルギーを飛躍的に成長させた固定価格買取制度（FIT）や市場の活

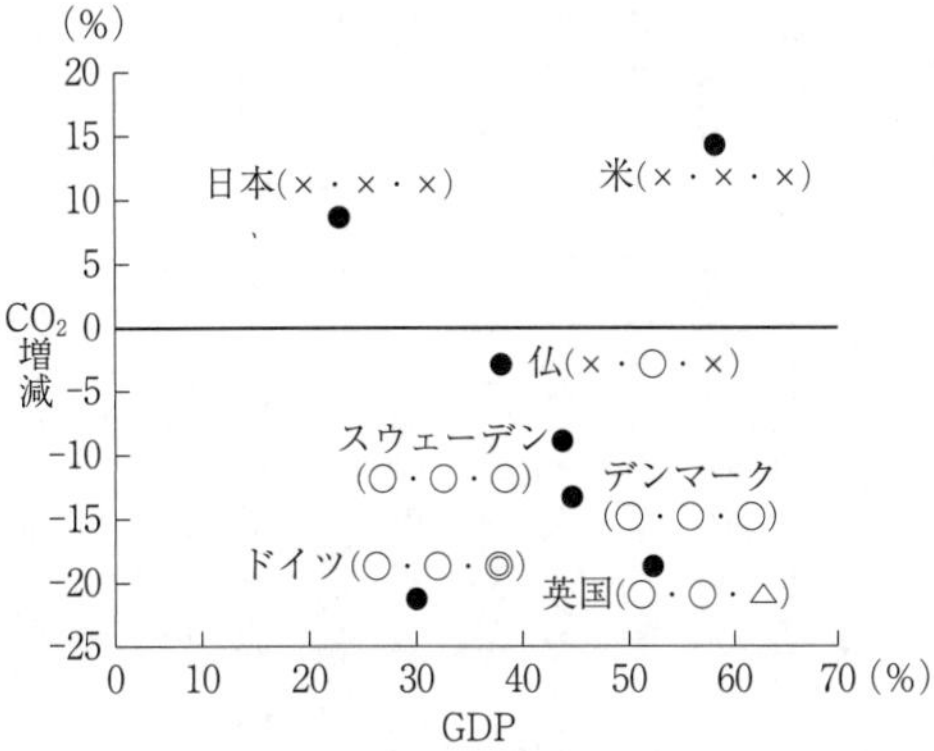

注：カッコ内は左から順に，環境税（炭素税）を導入したかどうか，CO_2 の総量削減に着手しているかどうか，自然エネルギー促進法を導入したかどうか，を示す

図2　主要国の経済成長と CO_2 削減の相関（1990–2007）

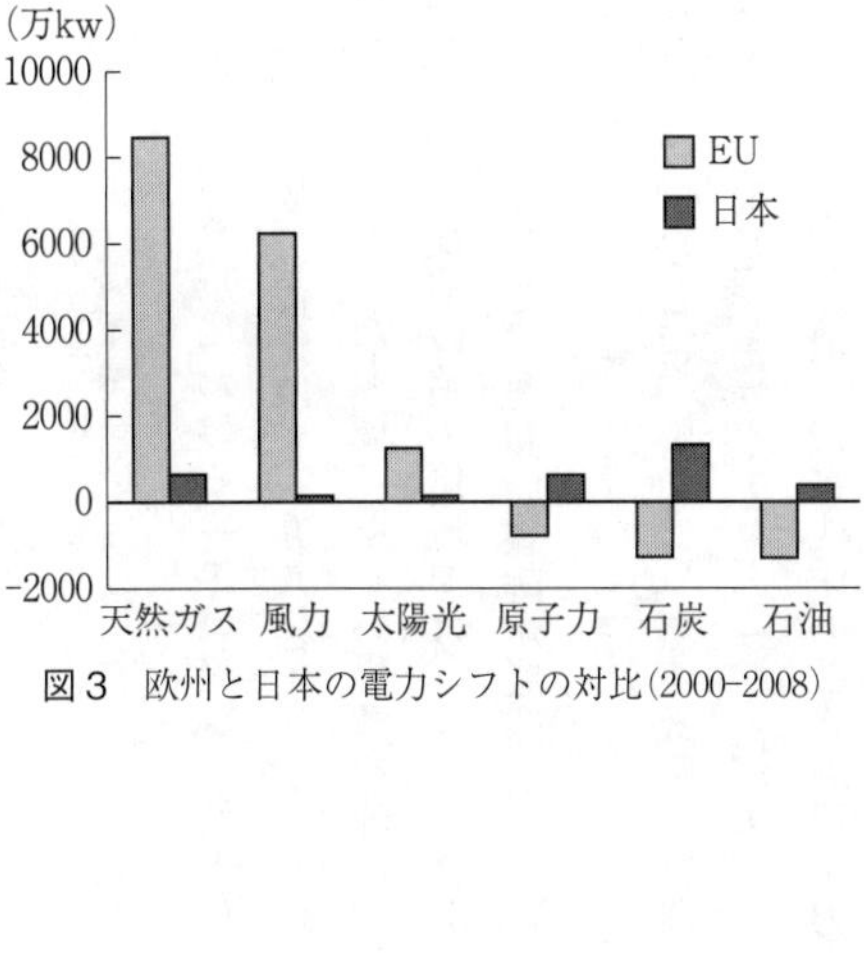

図3　欧州と日本の電力シフトの対比（2000–2008）

用を試みた固定枠制度（RPS）など、新しい政策が次々に生まれたのである。

（1）エコロジー的近代化とは

自然エネルギーに対する産業補助金の展開の背景には、欧州における「エコロジー的近代化」と呼ばれる環境・経済政策の進化がある。エコロジー的近代化は、一九八〇年代から欧州を中心に発生した環境思想、環境政治、環境・経済政策といった領域に新しい思潮を呼び、「持続可能な開発」という思想とも表裏をなす。環境思想、環境政治の領域では、リスク社会論、ディープエコロジー、シャローエコロジーなどとも関連して、奥深い議論が展開されているが、本稿では立ち入らない。

環境・経済政策に限定すると、エコロジー的近代化とは、ひと言でいえば「環境政策に経済原理（とくに市場メカニズム）を活用し、同時に経済政策に環境原理を導入する」ことを指す。

それ以前の環境政策は、硬直的かつ管理命令型の「環境規制」で、政策決定の様式も原子力推進・反対に象徴されるように、イデオロギー的な二項対立であった。具体的な政策も、大気汚染・水汚染などの排出規制に代表される、いわゆる「エンド・オブ・パイプ」（排気筒の出口にフィルターを設けるような方法論）と呼ばれるもので、「汚染の水準」という結果だけに注目していた。そのため、費用効率もいっさい考慮せず、「新しい政策」(後述する「政策イノベーション」)を生み出すという発想にも欠けていた(表1)。

一九八〇年代に入って、アメリカを筆頭に新古典派経済学が勢いを持つに連れて、いわゆるレーガノミックスやサッチャリズムなどの市場重視型・反環境主義の政治が登場し、世界を市場(原理)主義が席巻していった。レーガン政権やサッチャー政権のもとで、環境政策が著しく弱められたことが今では検証されている。ところが北欧などでは、そうした市場主義と環境思想、環境政策の上手な統合が進んだ。そうして、市場メカニズムを活用した柔軟な環境政策である「エコロジー的近代化」への流れが生じたのである。

表1　エコロジー的近代化の特徴

	伝統的環境経済政策	エコロジー的近代化
規制の様式	管理命令型・硬直的	市場メカニズムの活用・柔軟性
政策決定の様式	二項対立的イデオロギー優先	マルチステークホルダー 科学・事実・合理性重視
環境規制	エンド・オブ・パイプ	予防的・汚染者負担原則
経済政策	経済の制約または考慮せず	社会的費用の内部化
背景思想	産業主義	リスク社会 知識社会
キーワード	経済成長・市場原理主義	持続可能な発展

エコロジー的近代化では、政策決定の様式も「環境アセスメント」に代表されるように、マルチステークホルダーの参加を得て、事実に基づいて、科学的・合理的に議論を進めていく政

治文化に変わった。具体的な政策でも、スウェーデンの窒素酸化物の課徴金制度に代表される、予防的・汚染者負担原則を反映した環境政策や、環境税に代表される社会的費用を内部化した経済政策も次々に具体化されていった。そうした市場を活用した「新しい政策」を生み出す動きがさまざまな政府や研究者の関心の的となり、そこから後述する「需要プル」への動きへと繋がった。

具体的には、一九九〇年初頭に、フィンランドを皮切りに、北欧やオランダで、環境税・炭素税が次々に導入されていった。ドイツやイギリスの環境税導入は九〇年代末にずれ込み、フランスなどでは、いまだに導入できない状況もある。

(2) 供給プッシュから需要プルへ

市場主義の広がりは、政策立案において「市場」すなわち「需要」に着目をした政策(需要プル)という考えを生み出した(表2)。従前の「産業補助金」は、典型的な供給プッシュの発想に基づくものであった。これは、研究・開発・実証(R&D&D)に焦点を当てていたためである。ところが普及においては、「市場の姿形」こそが重要であることから、需要から普及拡大を促す「需要プル」という発想が登場してきたのだ。

「需要プル」のもとでは、たんにマネタリーベースのコストを見るだけではなく、もっとも重要な政策を筆頭に、ファイナンス面からの検討や、制度・組織のあり方、社会的に見た必要性と解決策など、需要面での市場環境を整えることが重視される。「技術的な実証」ではなく、新しいビジネスモデルやファイナンスモデル、新しい制度・組織的なモデル、新しい社会的モデルなどを組み合わせて、事業としての成立可能性を見極めるものである。

表2　供給プッシュと需要プル

供給プッシュ〔供給側 技術志向 産業主義〕	需要プル〔需要側 市場・地域志向 生活者主義〕
技術アセスメント	市場アセスメント
機器供給に焦点	応用，付加価値，ユーザーに焦点
経済的な競争力	政策，ファイナンス，制度・組織，社会的に見た必要性と解決策
技術的な実証	ビジネス・ファイナンスモデル，制度・組織的モデル，社会的モデル
産業補助金	健全な市場形成のためのリスクとコストを分担
計画	経験，結果，教訓
コスト低減	市場における競争力

(3) エコロジー的近代化に乗り遅れた日本

こうした欧州の「環境と経済の両立」の成功を尻目に、日本は逆に、短期的に低コストであった石炭火力発電を急激に増やし、温暖化対策から見たエネルギーシフトに失敗してしまった(図4)。

かつて脱石油・天然ガスシフトに成功した日本だが、今や中国などの需要急増のために、石油だけでなく石炭も再び価格が高騰し、安

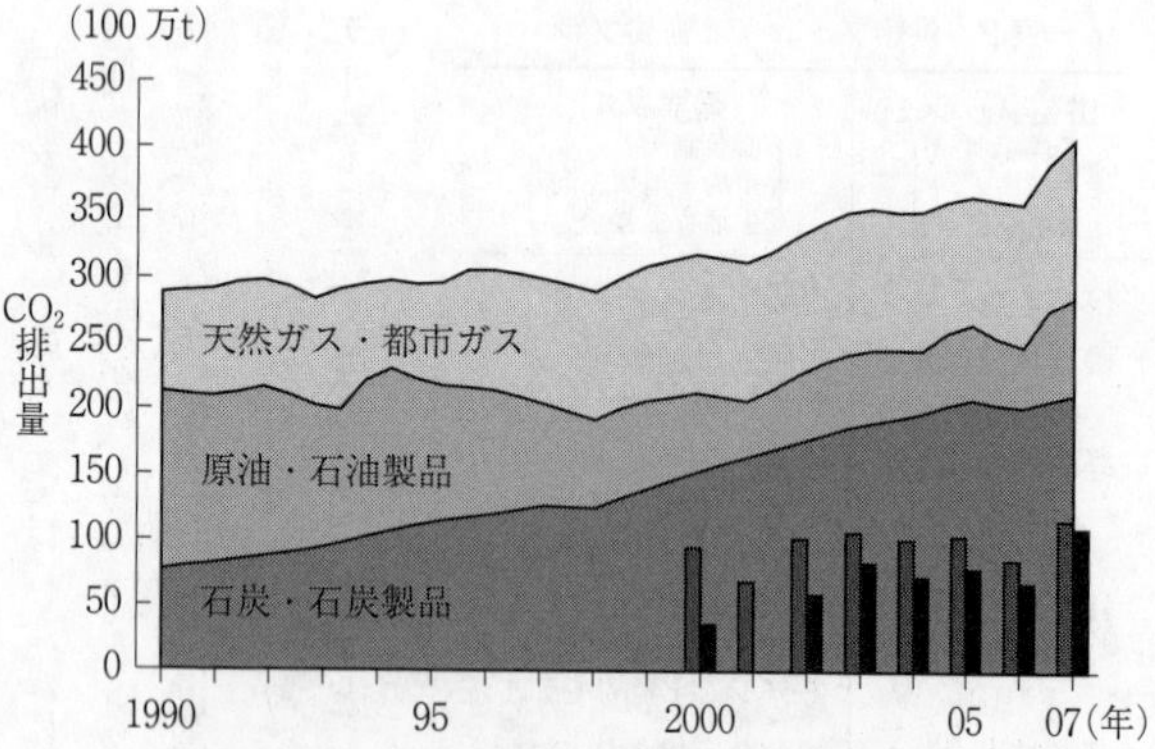

注：棒グラフは，左側が日本全体でのCO_2排出の目標からの超過量で，右側が電力会社の超過量

図4　日本のCO_2排出源の変遷(1990-2007)

定供給と経済成長に支障が見え始めている。少なくとも長期的には極めて不確実なエネルギー資源といえよう。

これまで「3E――安定供給・経済成長・環境保全の調和」を掲げてきた日本のエネルギー政策が、実態では、エコロジー的近代化どころか、ほとんど無策のまま、短期的な市場価格に委ねる逆向きの結果が生じたと推量できる。

原発の「新しい現実」

「日本の電気の三割は原発」だと漠然と思われている。それは原発震災前の「古い固定観念」だ。日本の原発はこれから急速に減るという「新しい現実」に直面している。震災直後には、日本の電力の二割強に急減した。

しかも日本の原発の多くが老朽化している。事故を起こした福島第一原発もちょうど寿命の四〇年を迎えはじめた時期であった。今後、他の原子炉も次々に寿命を迎える。その一方で、新しい原発はいっさい建設できないし、してはならない。そうすると、一〇年後には半分以下にまで減少してしまうのだ(図5)。その前に全廃することも十分にできる。それを前提に、より望ましい未来に向けてじっくりと備えるべきだ。

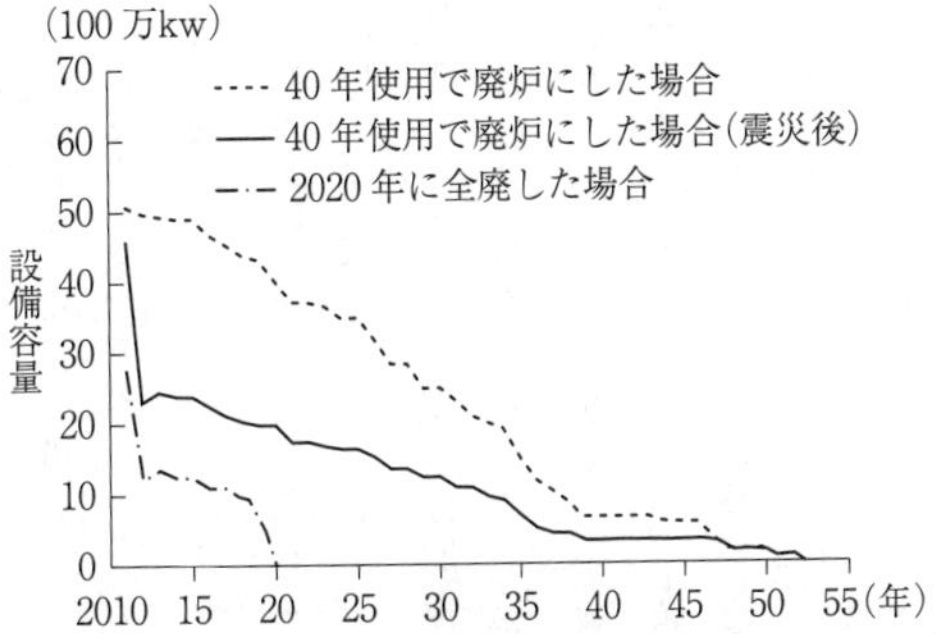

注：環境エネルギー政策研究所の推計による

図5　日本の原子力発電所の行方(震災前後)

放射能と温暖化の不安のない未来を構想する

原発以外に、もう二つ考えなければならないことがある。それは、石炭や石油などの化石燃料のコストが高騰して、私たちの暮らしや経済を直撃する恐れがあること、そして人類が直面する最大の環境リスクである地球温暖化問題へ対応することだ。

この両方の問題に対して、「節電発電所」はもっとも効果的である。「節電発電所」とは耳慣れない言葉かもしれないが、少ない電力で済むようにすることを指して、欧州ではこう呼んでいる。節電開発の余力は大きい。さらに一〇年あれば、これからのエネルギーの本命である自然エネルギーを飛躍的に増やすことができる。

たとえばドイツは、これまでの一〇年で自然エネルギーを一〇ポイント(六%から一七%に)増やしたが、今後の一〇年では二〇ポイント(一七%から三五%に)増やすのが目標だ。これで、自然エネルギーが小規模分散型技術であることにより、コストも下がってゆくのである。

パソコンや液晶テレビ、携帯電話などの小規模分散型技術は、普及すればするほど性能が上がり、コストも下がる。風力発電も、飛躍的に普及している国々ではすでに火力発電と競合するコストに下がっている。太陽光発電も年率一〇%もの勢いでコストが下がりつつある。イタリアのようにすでに従来の電気料金よりも安くなった国も出現している。

放射能も温暖化の不安もない未来とは、どのようなビジョンか。

一〇年後までに原発をなくしながら、節電発電所(省エネ・節電)で二〇%、自然エネルギーで三〇%を賄う。そして二〇五〇年までには化石燃料も全廃し、節電発電所で五〇%、自然エネルギーで五〇%とすることを目指してはどうか(図6)。

環境、エネルギー、経済、豊かさの切り離し戦略

(1) 知識社会における政策市場

自然エネルギーの普及では、前述のような大きな時代背景や政策の流れのなかで、一九九〇年代に入って、いわば自然エネルギー政策の革新(イノベーション)を巡る競争のような状況が出現した。とりわけ「産業補助金」という供給プッシュ型の普及政策から、固定価格買取制度に代表される需要プル型の普及政策への大転換が生じた。

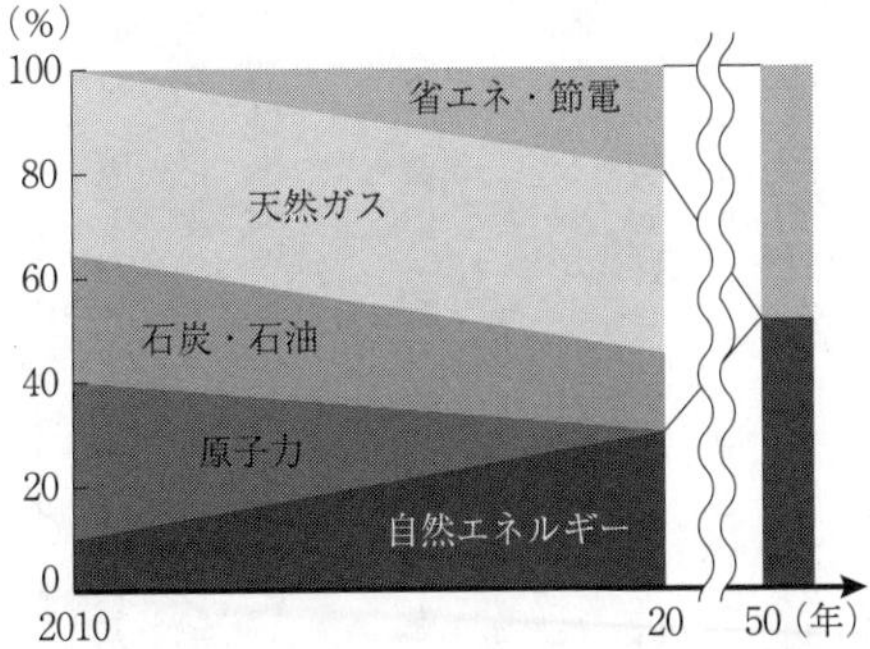

図6　中長期的な電力シフトのイメージ(環境エネルギー政策研究所作成)

欧州を中心にした、かつての「産業補助金」から固定価格買取制度への変化は、知識社会への進化の途上で必然的に生じた政策イノベーションに他ならない。日本が立ち遅れたのは、直接的にはエネルギー官僚による官僚主導政治が原因であるが、背景には、日本社会がまだ産業社会に留まったままで、知識社会として成熟に至っていない実態がある。

今後、日本の環境エネルギー政策は、「二一世紀型パラダイム」へと大きく進化する必要がある。原子力・化石燃料中心から自然エネルギー・省エネルギー中心へ、大規模集中型から小規模分散型へ、トップダウン型からネットワーク型へ、重厚長大的な産業重視から二一世紀型の知識・環境重視へ、まさにパラダイム転換が必要だ。

(2) 賢い「切り離し戦略」を

もう一つの重要な要素は、人間社会の目標である「幸福」と環境影響を現実的に切り離す戦略ではないか。これには、

①環境影響とエネルギー・資源との関係
②エネルギー・資源と経済との関係
③経済と豊かさ・幸福との関係

という、三段階の「切り離し」(トリプル・デカップリング)戦略が必要であり、また現実的にそれぞれ可能である。たとえば、「環境影響とエネルギー・資源との関係」では、エネルギー・資源効率を徹底的に高めるとともに、自然エネルギー・資源への転換を進める。「エネルギー・資源と経済との関係」では、エコロジー的近代化による原則レベルからの統合で両立を図

る。「経済と豊かさ・幸福との関係」では、真の豊かさ・幸福を高める新しい経済発展指標にそった発展を促してゆく。

総じて「古い産業思想」に留まっている日本は、「ガラパゴス」と揶揄されるとおり、温暖化規制とは関係なく、グローバル経済から取り残されつつある。日本に求められることは、二一世紀型知識社会に脱皮することで、温暖化政策面でも経済面でも、世界をリードする役割を果たすことではないか。

二一世紀の環境エネルギー革命の始まり

二〇世紀の遺物のような原発妄想に代わって、地域自立型の自然エネルギーを柱に据えた新しいエネルギー政策を立てるべきだ。前述のように自然エネルギーは人類史で「第四の革命」と呼ばれるほどの急成長を遂げつつある。昨年には世界全体で二〇兆円を超えた。短期間で建設できるため速効性があり、地域にエネルギーと仕事と経済をもたらす。節電発電所も自然エネルギーも地域に雇用や経済を生み出すことができ、同時にこれまでは地域から流れ出ていたエネルギーコストも地域内で循環するようになる。

こうしたまったく新しいグリーン経済は、一〇年後には一〇倍の二〇〇兆円を超えると予想されている。それにもかかわらず、これまで日本は、それに背を向けて、原発に暴走していたのだ。原発震災を、将来世代への負債ではなく遺産とするためには、今こそ、二一世紀の環境エネルギー革命を立ち上げるときではないか。

明治維新は富国強兵に化け太平洋戦争敗戦で潰え、その敗戦は経済成長至上主義へと化け、3・11原発震災で潰えた。3・11の悲惨極まりない出来事を、希望の未来へと活かすには、そうした地域と自然エネルギーを軸とする日本の新たな百年の計を立てることだ。それは国民に対する政治の責任である。

2　原発立地自治体の自立と再生

清水修二

あり得ない新設誘致

福島第一原発で破局的な事故・災害が起こったことにより、原発誘致という選択がどんなに巨大なリスクをはらんでいるかが明瞭になった。にもかかわらず、原発を抱え込んでいる地域が一斉に脱原発に向かって動き始めたかといえば、必ずしもそうではない。新聞報道を見ると、各道県知事が原発の危険性への懸念を割と率直に表明しているのに対し、原発の地元市町村長は逆に、福島事故の余波で原発が運転停止になることへの懸念を抱いている印象がある。福島の地元であってすら、第二原発の或る立地町長は廃炉の是非について言葉を濁している。いずれも理由ははっきりしている。運転停止や廃炉による雇用の喪失を恐れているのである。

原子力施設の誘致に走るのは、農漁業等の地場産業が衰退し、若者が流出して高齢化が進んでいる地域と相場が決まっている。原子力施設は「忌避施設・迷惑施設」だから、立地条件さえ整っていれば、手を挙げたところには喜んでやって来る。国策に貢献するという名分も立つ。建設投資の規模は巨大であり、運転中の雇用効果も水力や火力と比べて格段に大きい。市町村民所得は一気に県内トップクラスに跳ね上がり、地方財政収入も潤沢になる。手っ取り早い地域振興策として為政者の目には確かに魅力的に映るのである。

電力業界、原子力産業界および政府は、こうした原子力施設の立地効果を宣伝して、原子力発電の社会的受容(パブリック・アクセプタンス、PA)促進に腐心してきた。ただPA活動の足許は常に不安定であった。内外でいくつも重大な原子力事故が起こり、トラブル情報隠しやデータ改竄《かいざん》などといった問題がしばしば表面化するからである。それでもなお、地球温暖化対策という順風をはらんで原子力発電のPAはこれまで少なからぬ効果を上げてきた。それが、今回の福島原発の大事故で木端微塵に吹き飛んでしまった。

原発の新設や増設は、決定的な壁に突き当たることになろう。福島の原発災害の現状をリアルに見た上で、なおも原発誘致に手を染めようというのは普通の感覚ではない。福島原発災害の実態は、第一原発の事故現場だけ見ていても分からない。避難を余儀なくされた人々、機能移転を迫られた市町村役場、大量の失業者、生業を奪われた農漁民、そして放射線被曝に怯えながら暮らす数十万住民の心情に深く立ち入ることなしに、今度の事故のもつ歴史的な意味は理解できない。それを理解すれば、「原発で地域の発展を」という選択がまずあり得ないことは、普通の感覚の持ち主なら自明の判断になろうと思う。

問題は、すでに原子力施設を受け容れてしまっている地域がこれからどうするかである。「危険であることは分かった。でもいまさら手を切るわけにはいかない」という諦めの認識でいいのか、それしかないのか。

原発立地の地域経済問題

原発と地域経済・地方財政については「電源立地効果の一過性問題」が早くから指摘されてきた。原発を造るとなれば地域に巨大な建設需要が発生する。多くの労働者が長期間滞在するので旅館も商店も繁盛する。しかしこれらは一過的なブームに過ぎず長続きしない。もっとも、前述のように原発には相当な雇用効果がある。福島の第一・第二原発では一万一〇〇〇人以上の労働者が働いていた。地方財政に関しては固定資産税(償却資産税)が主な収入要因である。ただしこれも減価償却とともに漸減していく。

「電源立地効果の一過性」の意味するものは、「工事が終われば元の黙阿弥」ということではない。ひとたび原発が造られれば、地元の経済は決して元に戻れない変容を強いられる。立地前の当該地域は、広い第一次産業の裾野の上に第二次・第三次産業の就業者が労働にいそしむ、たとえ貧しくともそれなりに安定した産業構造をもっていたであろう。それが、原発の建設が行われるや大きな構造変化に見舞われる。一口にいえば、第三次産業と建設業がやたらと大きな部分を占めるようになる。第三次産業が大きいのは、もちろん発電所が第三次産業だからである。裾野にあった農漁業は急速に収縮する。原発の建設・運転にともなう雇用のほうがずっと安定的で多額の給与を保証してくれるからである。かくて当該地域の経済は、第三次産業が異常に巨大な、逆三角形のコマのような形態に転じる。コマは自力では立っていることができない。外から力を加えて回転させていないと倒れてしまうのである。だから地元は発電所にたえず新たな設備投資を期待せざるを得ないようになり、挙句の果てに「原発の増設を」という声を上げるところまで行きつく。原発が麻薬だと言われる所以だ。二〇年前に増設要請決議を上げた福島県双葉町が典型的な例である。

原発の立地する地域はもともと経済基盤の弱い農漁村なので、大企業の巨大な投資を地元経済の長期的発展の契機にするだけの実力がない。一方的な依存関係がそこには生まれてしまう。安定的な収入を確保する代わりに味わうことになるのは、地域経済の自立性の喪失という現実である。要するに企業城下町のようになってしまうのだ。この状態から抜け出すのは確かにむずかしい。しかし、自ら意図せずしてそうせざるを得なくなった地域は、すでに幾つもある。石炭から石油へのエネルギー・シフトによって閉山になった炭鉱都市がそうだし、鉄鋼不況で新日鐵が大規模に合理化・縮小する事態に直面した八幡、釜石、室蘭もそうだった。初めての経験ではない。先行事例はいろいろあると考えるべきである。

原発をめぐる都市・農村間共生の虚妄

原発の立地地域は、都市市場に向けた電力の供給基地の位置にある。福島原発は東京電力の事業所で、そこで作られる電力はすべて首都圏に送電されている。新潟県の柏崎刈羽原発も同様である。福島は戦前の猪苗代湖の水力発電以来、戦後の只見川電源開発を経て浜通り原発に至るまで、ずっと首都圏への電力供給県の役割を担ってきている。首都東京の成長をエネルギー面から支えてきたと言っていい。

原子力発電は、核燃料サイクルの一環に位置付けられているが、ウラン燃料の採掘から始まって放射性廃棄物の最終処分に至るまでの技術的プロセスに、各種の原子力関連施設の立地プロセスが対応している。日本ではとりわけ、原子炉での発電以降のダウンストリーム段階の多くを一手に引き受ける形になっている青森県六ヶ所村の位置が重要だ。各地の農村にある原発で電力を生産して大消費地に送電する。原発で溜まった使用済核燃料は六ヶ所村の再処理工場で再処理し、同所に計画中のMOX燃料工場で加工してプルサーマルに使う。高レベル放射性廃棄物はガラス固化体にして同じ六ヶ所村に長期保存するが、その先の最終処分場の立地はまだ目処がたっていない。いずれ離島のような人口希薄な過疎農村を選定して深地層処分することを政府当局は想定しているのだろう。

原子力エネルギーをめぐるこうした一連の立地プロセスは、都市・農村間の利害調整のいかにも日本的な形を表現していると言える。原子力のリスクは大消費地から次第に遠ざかっていく。富の最も集中する地域はリスクの最も大きな発生源であるにもかかわらず、現実のリスクは富の分配において不遇な地域に転嫁される。もっとも、リスクの受忍には富の分配が伴うというインセンティブ（利益誘導）がそこには仕組まれている。一過的な経済効果の足らざるところは電源三法交付金という財政措置がカバーするしくみもある。

経済的なメリットを享受する代わりに迷惑施設を受け容れるというこのパターンは、あたかも市場での取引であるかのように見える。しかし「取引」の当事者である都市と農村は、互いに対等平等の関係にあるとは到底言えない。そこに浮き上がって見えるのは一種の支配従属関係、あるいはあえて言えば「差別の構造」である。社会的なリスクの分配を市場取引の感覚で「解決」しようとする発想は、都市と農村の関係を大きく歪めてしまう可能性がある。今度の福島原発の災害に際して、福島県側には首都圏に対する怨念じみた感情が生まれている。逆に首都圏の側からは、これまで長年にわたって享受してきた金銭的ないし経済的利益に目をつぶるのは不当だとの反発の声が聞かれる。福島原発をめぐる「都市と農村の共生」は見せかけにすぎなかったことが端なくも暴露される形になった。

原発立地地域の自立や再生を考える場合、都市と農村の関係をどう作っていくべきかという論点は不可欠である。真に「共生」と呼ぶにふさわしい関係とは何かということを模索していかなければならない。

双葉地方の将来ビジョン

原発依存からの脱却の道をさぐる上で、福島原発のある双葉地方の将来ビジョンを描いてみるのが有効だろう。第一原発の大事故により、現地は原発の「劇的な撤退」局面に立ち会っていると見ることができる。第一原発は五号機・六号機も含めて廃炉になるだろう。第二原発(四基)の帰趨は定かでないが、少なくとも当分は稼働できない。したがってこの先当分の間、福島は「無原発状態」になる。原発ぬきで当地は暮らしを立てねばならない。先の見えない「第二原発の再稼働」に望みをかけて待機するなどは愚かというほかない。

双葉地方が「福島県のチベット」などと自嘲的に語られていたのはもう五〇年も前のことだ。原発災害の被災地となり大地の汚染対策がこれから深刻な課題になる点では「マイナスからの出発」と言わざるを得ないが、「原発しかない」という思いで誘致に走った一九六〇年代当時まで立ち戻る必要はない。道路をはじめ、公共施設は原発効果で十分すぎるほど整備された。東京から仙台に至る高速道路も建設が進められてきた。

一九六〇年代は、地域開発といえば企業誘致しか頭に浮かばないほど外来型開発志向が支配的だった。それから半世紀もたった今日、地域振興戦略の主流は大きく転回している。「内発的発展」「持続可能性」「地産地消」「コンパクトシティ」「地域内経済循環」「グリーンツーリズム」「コミュニティビジネス」等々、六〇年代にはなかったさまざまなキーワードが次々と登場し、「企業誘致」はそれらの中の一つにすぎなくなっている。

双葉地方の将来を考えるとき、首都圏との関係をどう見直すかが大きなカギになるだろう。首都圏にとって、電力供給地である双葉地方はなくてはならない存在、とされていた。原発災害によって悲劇的な結果になってしまったが、首都圏との間に新しい関係をもう一度作り直すことが、当地方の将来を構想するときの手掛かりになるのではないか。双葉地方は四〇年にわたって首都圏に原発の電力を供給し続けてきたのである。首都圏にとってもどうでもいい存在ではないはずだ。

原発災害からの復興を語る際、実に多くの人々が「新エネルギー」あるいは「再生可能エネルギー」という言葉を口にしている。机上の空論であるかのように見られていた新エネルギーへの期待が、悲惨な原発災害を目の当たりにしてにわかにリアリティをもって膨らんでいる。これは大きなチャンスだ。原発では失敗したが、別の新しい形で、双葉地方が首都圏のエネルギー基地としての役割を自らの選択において担っていくことができないか。首都圏は電力の巨大なマーケットである。いま福島原発を失い、火力発電にたよる首都圏は、これらに代わる電源を必要としている。首都圏の電力消費者は、自分たちのために再び遠隔の地に原発が作られることを、恐らくは望まないだろう。双葉地方が新エネルギー基地としてよみがえることを、首都圏の多くの人々は心から歓迎するに違いない。

再生可能エネルギーを大量に、安定的に生産するためには広大な空間が必要である。福島県浜通りは太平洋沿いの数十キロにわたって、新エネルギーのための絶好のロケーションを有している。もちろん送電網もある。廃炉になった原子炉の残骸を旧時代のモニュメントとし、その周囲を新時代のエネルギー装置で埋め尽くす、そんなビジョンが描けないものか。

現在の九電力体制を前提にしてそれができるかどうか、十分に吟味しなければならない。地域独占を打ち破ることを含め、必要な制度改革を提案できれば、その実現が可能であるような政治的環境を、福島原発災害がいま作り出している。双葉地方がそうした「復興から再生へ」の道を指し示すモデルになることを望みたい。また国策推進の挙句に生じた原発事故に責任を有する国は、被害補償にばかり集中するのでなく、双葉地方を世界に誇る新エネルギー基地にする事業に、相当の資力を割くことを惜しむべきではないだろう。

脱原発の国づくりを地域から

「原発で地域振興」という戦略は、このたびの原発震災で明確に破綻したと考えるべきである。したがって現に「原発との共存共栄」のただ中にある地域においても、できるだけ速やかに、原発依存からの脱却を図るための地域戦略を立てるのが賢明だ。

福島県はきわめて暴力的な形で「無原発」状態になった。他の原発立地地域は幸いにして、平和裏に原発依存脱却への道を歩む機会を手にしている。静岡県浜岡原発は、最低二年間は全機運転停止の状態が続きそうだが、その間の雇用問題が持ち上がるはずである。他の地域でも運転休止状態が長引きそうで、原子力発電は電力供給体制のむしろ不安定要因になっており、したがって原発は、もはや長期の安定した雇用先ではなくなりつつある。またそれは今回のような災害時には、大量の放射線被曝覚悟で現場作業に従事する「英雄」になることを強いられるような職場でもある。

数千人から一万人にも及ぶ雇用を有する事業所の閉鎖や撤退を、計画的に進めるのは確かに難事業だが、好個の事例がある。岩手県釜石市に所在する新日鐵釜石製鐵所は、かつて一九六〇年代には八〇〇〇人を超える従業員を擁していたが、一九七〇年代以降の鉄鋼不況に起因する合理化で大型工場の閉鎖を相次いで行った。全社最適生産構造の構築という経営戦略のもと、従業員の配置転換で大量失業を回避し、下請け企業も全国的な規模で再編成した。釜石市は一時、人口が毎年一〇〇〇人減少するほどのダメージを受けたが、その後たくましい「復興」の歩みを進めている(東京大学社会科学研究所編『シリーズ希望学』参照)。現在の釜石製鐵所は、従業員数わずかに約二五〇人である。

原子力発電所はそのサービス業としての性格から、また生産しているのがエネルギーであるという特性からして、地元との産業連関をあまり持たない孤立性の高い事業所である。閉鎖や撤退による雇用喪失の影響は大きいが、地域産業連関による負の波及効果は、さして大きくはあるまいと推測される。同じエネルギー産業という点では、炭鉱閉山のケースがもっと参考になるかもしれない。いわきは成功例、夕張は反面教師ということになりそうだ。

原発の立地は国策として進められてきたのだから、原発からの撤退もまた国策の位置づけで進められるべきだという主張もあるだろう。これから全国規模でエネルギー政策の転換を図るのであれば、確かにそうした観点はあっていい。現に釜石のケースがそうだった。重厚長大産業からの構造転換を図るため、全国的に製造業の合理化を支援するスキームとして一連の不況地域対策が当時、国によって講じられた。それは大企業の合理化＝撤退を側面支援するという点で、合理化の影響をこうむる地域の側からはいささか歓迎しがたい性格を持っていたが、「特定不況地域」を指定した上で雇用対策等を行うという、ある意味で古典的な地域政策だった。いずれにせよ、企業の縮小や撤退に対処する「国策」の前例はいろいろあるのである。

とはいえ、大企業の責任なり国家の責任なりを問うているだけでは「自立と再生」にはならない。やはり地域内部の資源と人材による「内発的発展」の戦略を追求しなければならない。「原発による地域振興」の戦略に、決定的に欠けていたものがある。それは地方自治だ。現状においては、原子力行政に地方自治はないといっても言い過ぎにはならない。原子力発電の安全性確保は国の責任に属するという認識自体は間違っていない。しかしだからといって、地元に原子力工学や放射線防護学の専門家が一人もいないといったような状態でいいのだろうか。知事が操業にストップをかける権限を持つとか、法的に効力のある住民投票の制度を作るとか、本来はもっと地方自治の要素を原子力行政に組み入れてもいいはずである。地域振興政策についても同様である。電源三法交付金の大部分は「電源立地地域対策交付金」という名目で地域に落ちている。この名称は、まるで「電源立地地域に対する国の工作」交付金のように読める。

原発依存からの脱却は、時間をかけてであってもいい。計画的な「ポスト原発」のビジョンを描く事業を、各地で展開してはどうだろうか。それは決してユートピアなどではない。実際、今度の大事故、およびその後の政府による運転停止要請などによって、電力会社から見ても原子力発電が手に負えないほど高くつくものであることは明らかになったのではあるまいか。スリーマイル島原発事故の後、アメリカで長期にわたって原発の新規発注が途絶した主たる要因は、事故のリスクよりもむしろ経営上のリスクへの懸念だったと思われる。日本でも、市場原理の見地からして電力会社が脱原発に傾斜する可能性が全くないとは言えない。福島原発の大惨事は、実にいろいろな波紋をこの社会に及ぼしている。脱石油の次なる脱原子力という、エネルギー政策の再転換を図る機運が高まるに違いない。これを一過性のものに終わらせない知恵と努力が必要とされている。

「一度受け容れてしまったら二度と足を抜くことはできない、それが原発という麻薬だ」と久しく言われ続けてきた。これは、これから原発を受け容れようとしている地域への警告としては分かりやすい言葉だが、すでに原発が立地している地域に対しては、いかにも突き放した物言いである。こう言われてしまっては将来展望を描こうにも描けない。しかしそれは、われわれがいつの間にか脳裏に刻んでしまった一種の神話に過ぎないのではないか。「安全神話」は瓦解したが、もう一つの「麻薬神話」にわれわれはまだ囚われているのかもしれない。住民や自治体主体の「地域力」に、われわれはもっと信頼を置いていいのではないかと思う。

3　経済・産業構造をどう変えるか

諸富　徹

1　短期的視点——電力不足への対応にみられる萌芽的変化

原発事故の衝撃が促進する経済・産業構造の変化

筆者は東日本大震災を契機に、経済・産業構造のあり方を変えるプログラムを開始すべきだと考えている。それは、日本の総発電量の三割を賄ってきた原発への依存から脱却することを可能にするものである。そのためには、以下の三点が前提条件となる。

(1) 省エネやエネルギー効率性の改善によって、電力需要そのものを大幅に削減する
(2) 自家発電や蓄電池を整備し、既存の電力会社によらない電力供給システムを構築する
(3) 再生可能エネルギーを飛躍的に拡大させる

これらの実現は、小手先の技術的解決だけでは対応できず、電力多消費型の経済・産業構造そのものの変革を伴わざるをえない。その方向性を端的に表現すれば、「集中電源・中央制御を特徴とする電力供給システムで支えられた電力多消費社会から、省エネと再生可能エネルギーに支えられた分散型ネットワーク社会への移行」と特徴づけられるだろう。それは、旧産業の解体と新産業の創出を含む、痛みを伴う過程でもあるために、大きな政治的抵抗に直面する可能性も高い。しかし、それをやり遂げることは、日本社会再生の必要条件となるだけでなく、経済・産業構造転換の世界的潮流に対して、日本が積極的に貢献することを意味する。

電力不足への緊急対応と萌芽的変化

震災前後での非常に大きな変化は、家庭、企業、自治体が、電力を自分の問題として考えるようになった点にある。震災前までは、電気は電力会社が責任を持って発電・送電してくれるものであって、われわれはそれを享受するだけでよかった。しかし、震災直後の「計画停電」や今夏に予想される電力不足に対して、企業も家庭もさまざまな対策を講じ始めた。つまり、①自家発電の導入、②蓄電池の導入、そして、③かつてない規模での省エネの実行、である。

もっとも、「電力不足」は、原発の必要性を強調する電力会社のプロパガンダではないかとの見方もある。つまり、「原子力再開か、さもなくば停電か」というわけである。実際、休止火力発電所の再稼動と揚水発電所の算入で、東京電力発表の電力供給能力は、震災直後から短期間で日を追うごとに増えていった。電力会社はこれらの供給能力を知りながら、意図的に隠していた疑いもある。また、民間企業の自家発電という大きな潜在能力にもかかわらず、ライバルの台頭を恐れる電力会社は、これらの電力の系統への受け入れを拒んできたという問題もある。

とはいえ、原発を単純に火力発電で置き換えれば、電力生産時の二酸化炭素の排出が増大する。再生可能エネルギーの普及促進には時間もかかる。したがって、節電による電力多消費型社会からの脱却は、地球温暖化防止の観点からみても望ましい。上記①～③は緊急対策の色彩が濃厚だが、これらは上述の(1)～(3)が求める方向性と合致しており、その萌芽的変化として位置づけられる。

さて、第一の自家発電は、企業は事業継続、病院や福祉施設は患者や入所者を守るためにやむをえず導入し始め、需要急増に対して自家発電機メーカーが増産に追われている。今回の大震災を契機にこの点で有名になったのが東京都港区の六本木ヒルズである。六本木ヒルズは、震災直後の三月一八日から四月三〇日までの間、自家発電で四〇〇〇キロワットを東京電力に売電したという。その地下に設置されているガスタービン型自家発電施設は、都市ガス(天然ガス)を燃焼させたときに発生する推力を利用してタービンを回し、発電する仕組みのため、計画停電下においても電力を安定供給できた。この自家発電は、発電と電力消費が同一の場所で行われるため、送電ロスがほとんどないというメリットがある。このことは、都市内部に分散型の自家発電施設が多数存在することが、大規模停電や電力不足というリスクに対処する上で、いかに有効かを示す一例である。

第二の蓄電池も、大震災によって需要が急増している。リチウムイオン電池はこれまでハイブリッド車や電気自動車向けが注目されてきたが、震災を契機に電力不足対策として産業用、あるいは住宅用需要が一挙に顕在化することになった。とりわけ、計画停電がもたらした混乱が、蓄電池需要を後押ししたようである。これまでは高価であることがその普及の妨げとなってきたが、ここにきてその緊急性が、費用という障害を乗り越えさせることになった。蓄電池は単に電力不足対応だけでなく、電力需要のオフで蓄電し、ピークで放電する電力需要の平準化、そして風力や太陽光など気象条件に左右されて不安定な再生可能エネルギーによる電力供給の安定化に活用できる点が重要である。

第三に、省エネは電力不足からかつてない規模で推進せざるをえなくなっている(一九七〇年代の石油ショック時に、産業に対して一律一〇%の省エネが求められた事例はある)。東京電力管内では、産業と家庭に対して今夏に一律一五%の電力消費削減が求められることになっている。中部電力の浜岡原子力発電所が停止されたのをはじめ、他の電力会社の管内でも定期点検に入った後、再稼動できずに停止する原子力発電所が増えていくとみられるため、電力不足は東京電力管内に限らない問題になりつつある。この結果、LED(発光ダイオード)や高度省エネ家電製品などのハードに対する需要が急増していくほか、「エネルギー・マネジメント・システム」(詳細な電力消費モニタリングとその自動制御節電を通じて、電力需要管理と合理的なピークカットを実施)といったソフト面のサービス需要が増大することは確実である。

実は、これらはいずれも温暖化対策としても推進が必要だと考えられてきた要素ばかりである。とくに蓄電池技術は、再生可能エネルギーの大量導入や「スマートグリッド」(分散型電源をつないで電力を双方向にやり取りする次世代電力網。情報通信技術で需給双方を最適制御してその過不足を解消できるので、「スマート(賢い)」と名づけられている)に関連して、それを可能にする中核技術の一つとして議論されてきた。しかし、電力会社による電力の安定供給が保障されるなか、コスト高もあってその必要性が必ずしも実感されてこなかった。しかし原発事故とそれに伴う電力不足が、必要とされていた変化を否応なく前倒しさせた形になっている。

しかも、これらが緊急対策という一時的現象に留まらず、新しい分散型電力供給システムへの移行や、経済・産業構造の変化につながるならば、それは単なる「対策」を超えて新しい産業のダイナミックな発展を促す可能性を秘めている。実際、省エネビジネスの規模は国内だけで二〇〇九年実績の約七四〇〇億円から、二〇二〇年には三兆円へと四倍もの規模に拡大するとの試算もある(ミック経済研究所による試算)。蓄電池やスマートグリッド、そしてこれらと密接な関係を持つ電気自動車の将来性に至っては、ここで改めて強調するまでもない。

つまり、原発事故による電力不足から逃れるための緊急対策が、意図せざる形で新しいビジネスと産業発展の条件を創り出し、さらに長期的には、電力多消費型の経済・産業構造を変革する条件を形成していく側面に注目する必要がある。次節では、このような萌芽的変化の延長線上に、長期的にはどのような経済・産業構造の変革を見通せるのかをみることにしたい。

2　長期的視点――経済・産業構造の根本的変化の波

「第三次産業革命」論

大震災を契機に日本で必要に迫られた原子力からの脱却(そして再生可能エネルギーの飛躍

的な拡大）と省エネは、長期的な経済・産業構造転換の潮流に位置づけてみることで、その意義がより鮮明に見えてくる。

時代の主軸となるエネルギー源が変化し、それが新しい技術と結びつくことで、過去にも産業革命が引き起こされてきたが、二一世紀の今日、再生可能エネルギーと省エネが情報通信技術等と結びつくことで新しい産業革命が起きつつあると主張するのが、ベルリン自由大学の政治学者マーティン・イェニケとクラウス・ヤコブである（M. Jänicke und K. Jacob "Eine dritte industrielle Revolution?" 2008）（表参照）。彼らによれば、かつて一八世紀末〜一九世紀の第一次産業革命では、主たるエネルギー源だった石炭が、主要動力源の蒸気機関と結びついて飛躍的な生産力の拡大をもたらし、それが軽工業から重化学工業への産業構造転換をもたらしたという。

これに対して第二次産業革命は、主たるエネルギー源が「石炭」から「石油および原子力」への転換で特徴づけられる。第二次産業革命後は鉄鋼業、化学工業、電気工業といったエネルギー集約型産業が花形産業として台頭し、いずれも石油および電力の大量消費をともないながら急速な発展を遂げた。さらに動力源としての内燃機関（エンジン）が石油（ガソリン）と結びついて、自動車の大量生産・大衆への普及を可能にした。こうして第二次産業革命後の二〇世紀には、大量生産・大量消費・大量廃棄社会が成立し、それがもたらした物質的豊かさは、中間層

表　第1次産業革命から第3次産業革命へ

	第1次産業革命（1780年頃〜）	第2次産業革命（1890年頃〜）	第3次産業革命（1990年頃〜）
主導的な技術／資源／産業	蒸気機関／機械織機／鉄加工	電気／化学／内燃機関／電子工学／合成物質／鉄鋼	情報通信／バイオ／リサイクル／サービス
主たるエネルギー源	石炭	石炭，石油，原子力	再生可能エネルギー／省エネ
交通／コミュニケーション	鉄道／電報／新聞	自動車／飛行機／ラジオ／テレビ／固定電話	高速鉄道／インターネット／携帯電話
社会／国家	ブルジョア社会／経済的自由主義／法治国家	大量生産・消費・廃棄社会／大衆社会／議会制民主主義／福祉国家	知識情報・インターネット社会／情報公開と透明化／自立・自律と分散型・水平連携に基づく社会

出所：Jänicke und Jacob, 2008, 14頁の表を元に筆者加筆

の形成を促し、「大衆社会」が勃興してくる物質的基礎を提供することになった。厚みを増した中間層は、普通選挙制度の導入を要求し、その実現を通じて議会制民主主義の確立を促すことになった。そして、議会制民主主義という場ができたことで社会民主主義政党が進出し、資本主義の発展にともなう格差を是正し、所得を再分配する福祉国家に本格化する枠組みが形成されていく。

さらに、二一世紀に本格化する第三次産業革命は、再生可能エネルギーの爆発的な普及と、全産業領域における省エネの大規模な達成によって特徴づけられる。以前の二つの産業革命では、産業の成長が環境負

荷の増大を不可避的にともなったが、第三次産業革命では事実上の発電とも解釈できる「省エネ」という形でのエネルギー需要の削減そのものが正面の課題となり、それに取り組むことが新しい産業を創出することにつながるという新局面に入ることになる、とイェニケとヤコブは主張する。つまり第三次産業革命後は、経済成長と環境負荷の増大が切り離されることになる。

第三次産業革命後では、情報通信産業とそれを媒介としたサービス産業が主軸となり、イノベーションを主導していく。日本やドイツのように「ものづくり」、つまり製造業が強い国ですら、製造業において情報通信技術とそれを媒介としたサービスをいかに活用できるかが、その競争力と新しいビジネス展開の成否を左右する。

分散型電源への移行と産業構造転換

二〇世紀は、中央集権あるいは中央指令型の組織構造、トップダウン型の情報伝達および意思決定構造で、効率的かつ効果的に仕事を進めてきた。電力事業でいえば、各電力会社の「中央給電指令所」から中央制御される、集中電源に基づく大規模送電網は、二〇世紀型電力供給システムの象徴である。しかし時代は変わり、世界がグローバル化し、さらに情報通信技術の革命が情報の流通と意思決定のスピードを加速度的に速めている中で、一般にピラミッド型の重たい組織は意思決定が遅く、小回りが利かず、そして素早い状況の変化についていけなくなっている。小規模である程度相互に自立した分散型組織が、水平的に連携しつつネットワークを形成して仕事を進めていく方が効率的かつ効果的であるような時代には、二〇世紀型電力供給システムよりも、再生可能エネルギーに立脚した分散型電源が水平的に連携した新しい電力網のほうが時代のニーズにより適合的であろう。

こうして、主たるエネルギー源が「石炭、石油、原子力」から「再生可能エネルギーと省エネ」に移行し、これに主軸となる産業の交代が生じれば、過去二度の産業革命がそうであったように、第三次産業革命の前提条件が本格的に揃うことになる。恐らくいま見通せる範囲内では、再生可能エネルギーに基づく分散型電力供給システムが、情報通信産業やそれと密接な関連をもつサービス産業と融合することで、新しいビジネスや産業領域が創出されるだろう。

われわれは今回の大震災で、原発のような集中電源から電力消費地に一方的に電力を供給するシステムが、危機にあっていかに脆弱かを見せつけられた。つまりこのようなシステムでは、地震で集中電源が破壊されると、ネットワーク全体が機能麻痺に陥ってしまうのである。これに対して、分散型電源に基づく双方向型の電力供給システムは、今回のような大規模災害に対して意外な強靭さを発揮する可能性が高い。それは、それぞれ分散型電源で電力供給を自律的に賄う地域は、一カ所が機能不全に陥っても、システム全体への影響は限定的だからである。また、電力の過不足分を相互に融通しあって需要変動に対処する仕組みなので、機能不全に陥った地域に対しては、その周囲から電力を送り込んで支援することも可能である。これを可能にするのもまた、スマートグリッドである。

電力供給システムの「集中型」から「分散型」への転換は、次節で述べるように、電力事業における担い手が変わることをも意味する。その過程で地域独占、垂直統合、そして中央指令によって特徴づけられる日本の電力会社、とりわけその集中的表現としての原子力複合体がもしその障壁として立ち現れてくるならば、より大きな国民的利益を実現するためにも、それらの解体と電力自由化の推進を視野に収めざるをえなくなる。再生可能エネルギーの爆発的普及と省エネの大規模な実現は、既存電力会社の利益基盤を大きく掘り崩すため、彼らの側からの大きな抵抗に出会うことになるだろう。しかし第一節で見たように、今回の大震災をきっかけとして、分散型電力供給システムへの移行に向けた、萌芽的ではあるが不可逆的な変化がすでに始まっていることも事実である。

さらに、過去の産業革命の進行過程では、産業構造転換によって、主軸産業の担い手の変更が不可避的に生じる点にも読者の注意を促しておきたい。もっとも、それはスムーズにではなく、「旧産業」と「新産業」の闘争という形を取りながら進んでいく。そしてわれわれは、既にその新しい担い手を目にしているのかもしれない。自治体と組んでメガソーラー事業への参入を表明したソフトバンク社長の孫正義や、日本経団連会長が電力会社擁護発言を繰り返すのを「許せない」として、電力自由化の必要性を訴え、経団連を脱退した楽天社長の三木谷浩史の姿勢は、彼らのビジネス基盤を見れば分かるように、まさに「旧産業」に対して「新産業」を代表するものであり、第三次産業革命の担い手としての資格を備えているのである。

3　低炭素化と原子力からの脱却を両立させる道

「再生可能エネルギー固定価格買取制度」の導入を

上述のように、経済と産業の構造転換は自動的に成し遂げられるわけではない。それを自覚的に促す国家の役割が重要である。国家がやるべきことの第一は、再生可能エネルギーの固定価格買取制度(全量買取制度)の導入である。現時点では、再生可能エネルギーの発電単価は火力や水力などの既存電源に比べて高い。したがって、そのままでは電源としての競争力を持たない。そこで固定価格買取制度は、再生可能エネルギーの固定価格での買取義務を電力会社に対して課すことで、再生可能エネルギー発電事業者に、そのビジネスとしての成立可能性を保障することを目的とする。他方で、電力会社は買取にともなって発生した費用を、電力料金に上乗せして回収することが認められる。つまりこの制度は、電力消費者の負担で再生可能エネルギーの普及促進を図る政策だといえる。

ドイツはこの制度のおかげで、再生可能エネルギー発電の総発電量に占める比率を二〇〇〇年の六・四％から二〇一〇年の一六・八％にまで飛躍的に高めることに成功した。日本は、二〇〇八年時点でたったの三・二％でしかなかったのと比べると、この政策の有効性がいかに大きいかがわかる。さらに二〇二〇年までに原発全廃を決めたドイツは、再生可能エネルギー発電の比率を、二〇二〇年に三五％にまで引き上げる予定である。

他方でこの制度は、たしかに既存電源よりも高い価格で再生可能エネルギーによる電力を買い取るために、電力料金の引き上げにつながるという問題もある。しかし、ドイツでの実績をみるならば、再生可能エネルギーの普及にともなう生産拡大で量産効果が働き、さらに技術進歩が起きることで、再生可能エネルギーの発電コストは時間とともに低下していくことが知られている。結果として、買取価格も段階的に引き下げられており、国民負担も縮小している。

さらに注目すべきは、そのメリットである。ドイツ連邦環境省の二〇一〇年報告書によれば、二〇〇八年時点でドイツの再生可能エネルギー産業が生み出している雇用は、三四万人にも上るという。しかも、この数字は再生可能エネルギーの拡大にともなって飛躍的に伸びており、二〇〇四年と比べると倍増しているという。また今後、世界的に再生可能エネルギーへの投資規模が拡大すると報告書は予測しており、二〇三〇年には現在の倍、二〇五〇年には四倍になるとみられる。現在は国内主体のドイツ企業も、将来的には世界市場の拡大にともなって、利益の五〇~八〇%を輸出で稼ぐようになると報告書は予測している。つまり、再生可能エネルギーの拡大は、費用負担よりはむしろ、ドイツ企業の成長と雇用の拡大にとって力強い牽引役になりうることをこの報告書はよく示している。

電力自由化の戦略的意義

しかし、固定価格買取制度を導入するだけでは、実際には再生可能エネルギー発電量は伸びないことも予想される。なぜなら、送電網を握る既存電力会社が、再生可能エネルギー発電が不安定電源であることを理由に、買取量に量的上限を設定したり、託送料金(送電網利用料金)を高く設定したりすることで事実上、競争相手である新規参入者を排除する恐れがあるし、現にそのようなことが行われてきたからである。実際日本では、一九九五年に大口需要家への売電を目的とした発電事業への参入が自由化され、商社、ガス会社、メーカーなどが多数参入したが、高い託送料金のために価格競争力を失い、事業として成立しなかったという前例がある。

第二に必要となるのは、これまで①地域独占、②発電から配電までの全ての事業を一社に担わせる垂直統合、そして③総括原価方式（発送電に関わるすべての費用に一定の報酬率を上乗せして算出する料金決定方式）の三位一体によって高収益を保障されてきた現行の電力供給体制を解体し、電力自由化を推進することである。つまり、発電、送電、配電の各事業を分離した上で、発電事業と配電事業は新規事業者に開放して競争を促す一方で、送電事業は国有化するか、あるいは公的管理下の民間企業に委ね、送電事業に公共性と中立性を賦与する。こうすれば、送電事業者は再生可能エネルギー発電を含むすべての発電事業者に対して中立的となり、不安定電源であることを理由に再生可能エネルギーの送電網への受け入れを拒否することはなくなる。これは、世界各国が一九九〇年代以降の電力自由化ですでに実施済みのメニューばかりである。もっとも、不安定電源を一定規模以上受け入れる場合には、送電網強化などの費用負担が発生するので、合理的な費用負担ルールを決めておく必要がある。

さて、意外に見落とされるのが、送電事業からの配電事業の分離である。配電事業は、電力消費者である顧客の依頼を受けて発電事業者と交渉し、通常は安い電力を購入・調達し、場合によっては顧客の好みによって高くても再生可能エネルギーで発電された電力を購入・調達する仕事を担っている。ドイツでは、この配電事業を市営電力会社が担っていたりする。原発立地をかつて拒否したドイツ・フライブルク市の住民は、単に反対するだけでなく、自分たちが買う電気の発電方法を問い直さなければならないと考え、配電会社を通じて、高くても「グリーンな電気」を買い、自分たちが使う電力の原発比率を下げる運動を始めた。こうして始まったボトム・アップ型の市民運動が後に、緑の党を通じて全国的な制度導入に道を開き、現在の固定価格買取制度の導入につながっていく。

他方で、この背後に「消費者の電源選択権」という考え方が存在する点にも、読者の注意を促しておきたい。つまり、小口需要家にまで電力自由化の波が及ぶと、家庭も配電会社を通じて自分が購入する電力の「価格」だけでなく、「質」を選択できるようになる。したがって、対価を払ってでも消費者としての選択権を行使し、自分が望む電源で発電された電力を使用することが可能になる。これに対して日本では、地域独占・垂直統合型の電力供給体制となっており、家庭など小口需要家には電力自由化の波が及んでおらず、自分がたまたま居住している地域の電力会社から電力を購入する以外に、電源を選択する権利は存在しないに等しい。

このように電力自由化は、かつて経済産業省が目指したような、競争を促して電力料金引き下げを図るという側面だけでなく、再生可能エネルギー発電事業に新規参入を促し、消費者の電源選択権を確立するという側面がある点に注目しておく必要がある。さらに電力自由化のもう一つの副次的効果を挙げるならば、こうして電力事業の三位一体が崩れることで、原子力発電事業が市場の競争原理にさらされる点を指摘できる。そうすると、これまでは地域独占と立地対策などへの多大な公費投入で高収益性を保障されてきたものの、もはや電力会社は巨額の投資費用を要し、長期にわたる投資回収期間にさまざまな事業リスクにさらされる原子力発電事業を抱え込む余裕を失い、やがてそれを手放さざるをえなくなるであろう。そうでなくとも今回の原発事故で、新規の原発立地は困難になり、国内では産業としての成長性や将来性はほぼ限界に達すると見込まれる。このような状況を見た原子力関連産業なら、原発の衰退と運命を共にすることは避けたいと考えるであろう。この点で、見事なまでの変わり身の早さで際立っているのが、東芝である。大震災前まで、彼らは原発を半導体と並ぶ事業の二本柱として位置づけていた。大震災後もなお、表面的には以前と変わらず原発建設の受注獲得を目指すとしていたが、実際にはスマートグリッドに不可欠なスマートメーター(通信機能付き電力量計)製造大手のランディス・ギア社を買収する交渉の最終調整に入るなど、業態転換に余念がない。

イノベーションの担い手は誰か

もしわれわれが、第三次産業革命の分水嶺に立っており、これから本格的に産業構造の転換過程に入るのだとすれば、そのような移行を推進し、イノベーションを引き起こす新しい担い手の登場が必要となる。著名な経済学者ヨゼフ・シュムペーターは、循環的な軌道を断ち切り、生産要素の新しい結合を通じて「非連続的な軌道の変更」を引き起こすイノベーションの担い手こそが、真の意味で「企業家」だと論じている。したがって、経済発展の過程では必ず「二重の意味の非連続性」つまり、「軌道の変更」と「発展の担い手の変更」が生じる。前出の孫正義や三木谷浩史がこの意味で、第三次産業革命の担い手になるのか否かはまだ見通せない。しかし、彼らは少なくとも、経団連に集う財界首脳と比較してその年齢の点で世代交代を象徴し、さらには、その産業領域の点で主軸産業の交代を象徴している点は興味深い。

本章を締めくくるにあたって、シュムペーターがイノベーションを遂行するにあたって銀行家の役割を高く評価した含蓄の深い言葉を残している点に言及しておきたい。つまり「彼［銀行家］は本質的に発展の一つの現象である。彼は新結合の遂行を可能にし、いわば国民経済の名において新結合を遂行する全権能を与えるのである」（『経済発展の理論』）。つまりシュムペーターは銀行家に対して、イノベーションを遂行する可能性をもつ企業家を見出し、リスクを引き受けて資金供給を勇敢に決断する高い社会的役割を果たすことを期待していたのである。われわれが見たいのは、東京電力に対して実行した巨額融資が毀損しないよう、その存続を前提とした原発事故賠償スキームの成立に奔走する日本の某銀行の姿ではなく、イノベーションの母としての役割を果たす、真にシュムペーターの言う意味での銀行家である。

4　原発のない新しい時代に踏みだそう

山口幸夫

一〇万年後の不安

「オンカロ」(ＯＮＫＡＬＯ)という聞きなれない言葉がある。フィンランドにつくられつつある地下岩盤特性調査施設のことだが、「隠された場所」という意味があるらしい。オンカロは首都ヘルシンキの北西二五〇キロ、バルト海のボスニア湾沿岸に近いオルキルオト島にある。世界でただ一つの放射性廃棄物の地下処分場の予定地だ。工事は二〇〇四年に始まった。地下五二〇メートルまで掘る計画で、二〇一一年四月現在、四四〇メートルに達した。操業開始は二〇二〇年、一〇〇年後の二一二〇年まで使用する予定だ。その後、厳重に封鎖される。一〇万年後までの安全を見込んでいるという。

明日のこともわからぬは人の世の常である。しかし、放射能は違う。放射能の半減期は放射性の核種に固有の値であり、その核種の放射能の量が半分になるまでの時間のことである。放射能は、時間とともに指数関数的に減ってはいくが、消え去ることはない。半減期の二〇倍の時間を、放射能の影響が実質的になくなる一応の目安にしてみよう。もちろん、放射能の量は放射性物質の総量によるので、それをもって、安全になるまでの時間とみなすわけにはいかない。ここでは、半減期の二〇倍を「待ち時間」と呼んでおこう。一半減期ごとに二分の一になるので、半減期の二〇倍の時間がすぎると、1/2×1/2×…×1/2と二〇回かけあわせて、放射能の量は、およそ一〇〇万分の一になる。

福島第一原発から大量に放出されたヨウ素131の半減期は八・〇四日なので、その二〇倍は一六〇日、およそ半年の「待ち時間」だ。セシウム137は、半減期三〇・一年の二〇倍の六〇〇年、プルトニウム239ならば、その半減期は二万四一〇〇年だから、ざっと五〇万年を待たなければならない。

原発を運転すると、燃料のウランから、長短さまざまの半減期を持つ放射性物質がたくさんできてしまう。この後始末がじつに厄介なのである。原発で使い終わった燃料の中の放射能の害を無視してもよい状態になるまで、きちんと保管・管理しておかなければならない。ヨーロッパでは、この「待ち時間」を一〇万年とみなしている。オンカロはこの目的のためにつくられつつある。

絶対に触れないでください

二〇〇九年に制作された国際共同ドキュメンタリー作品『一〇〇、〇〇〇年後の安全』を見た。原題は、「Into Eternity」である。「永遠の中へ」という意味だろう。オルキルオト島の一八億年前に形成されたという頑丈な地層の中に、一大近代都市に似た、しかし殺伐とした地下構造物が建設されている現場が映し出される。地上では、雪の降り積もった針葉樹林の中をゆったりと歩むヘラジカが姿をみせる。絵に描いたような北欧の世界だ。まさか、その地下に、危険このうえもない放射性廃棄物が閉じ込められているとは。まさに「隠された場所」(オンカロ)である。一〇万年後までの安全を確保するというが、その頃、人類は存在しているのだろうか。仮に、人類が存在したとしても、標識に書かれた警告の言葉は通じるだろうか。ひょっとして、そのころの誰かが、ここを発掘するかもしれない。

監督のマイケル・マドセンは、「未来のみなさんへ」と題するメッセージで映像をしめくくっている。

未来のみなさんへ

ここは二一世紀に処分された放射性廃棄物の埋蔵場所です。
決して入らないでください。
あなたを守るため、地中奥深くに埋めました。
放射性物質は大変危険です。透明で、においもありません。
絶対に触れないでください。
地上に戻って、我々より良い世界を作ってください。
幸運を。

後始末の困難さ

もう遠い記憶のかなたに沈んでいるかもしれないが、アメリカ、スリーマイル島原発二号炉の事故によって、「原発安全神話」が崩壊した。事故は一九七九年三月二八日に起きた。運転開始して三月にもならない新設の原子炉(電気出力九六万キロワット、加圧水型)が冷却材を喪失し、炉心溶融（メルトダウン）にいたった。冷却材とはこの炉の場合、水であるが、炉心から熱を取り出して発電に使うと同時に、炉心が過熱して溶けないよう冷やすという重要な役割を担っている。先進国アメリカでのこの事故によって、原発は何重にも安全装置がほどこされていて「どんな事態になっても安全なのだ」、という主張は根拠を失った。

事故調査がすすむと、偶然の幸運が重なって被害は最小限にとどまったことがわかった。しかし、原子炉の中がどうなっているか、専門家の中でも意見が分かれた。原発推進の学者たちは、「炉内の温度はせいぜい二五〇〇度どまりで、炉は融けていなかった。そうたいした事故ではなかった」と言いはった。冷静に見る学者たちは、「炉内はもっと高温になったはずであり、相当の部分が融けている」と主張した。

カメラで炉心を撮ることができたのは三年後だ。六年後、アメリカ政府による調査報告書は「事故発生後二時間半で、炉心部の金属はウラン燃料とともに融けだした」と発表した。二八一五度の高温になった炉の中心部は原形をとどめていなかった。どろどろになって崩れ落ち、瓦礫と化した燃料を取り出すことができたのは、一〇年後である。

瓦礫は一九九九年に、厚さ六〇センチのコンクリート製のキャスクに封じこめられ、アイダホの国立研究所に保管された。五〇年間の安全を図ってつくられたのに、二〇一一年四月の段階で、コンクリートが崩れ始めて、劣化が進んでいることが判明した。水の浸入と、熱さ・寒さの繰り返しによるものと推測されている。

チェルノブイリの石棺

一九八六年四月二六日未明、ウクライナ(当時はソ連のウクライナ共和国)で、チェルノブイリ原発四号炉が「暴走」を始め、二度、三度と爆発が起こり、火柱が吹き上がった。最新鋭の黒鉛減速・軽水冷却の沸騰水型原子炉で、出力は一〇〇万キロワット、運転開始からまだ二年しか経っていなかった。大量の放射性物質が環境に放出され、風にのって拡がった。ソ連の指導者たちは、たいしたことはなかった、と真実を隠そうとしたが、お互いの内密な会話では「ヨーロッパ中央部で起こった核戦争」と呼んでいた。

放射能が外へ洩れださないように、事故を起こした原子炉はコンクリートと鋼鉄で覆われた「石棺」と化した。しかし、コンクリートのひびや穴から放射能が洩れ、石棺が崩れる心配が出てきたため、巨大なかまぼこ型のアーチ構造物で丸ごと覆ってしまおうという計画がすすんでいる。その大きさは、パリのノートルダム寺院がすっぽり入るほどだという。しかも、その場で工事はできない。放射線のレベルが高いからだ。耐久性は一〇〇年とされるが、そこまで持つだろうか。

東海原発の廃止

日本の原発の第一号は、東海発電所（日本原子力発電所有）にある。イギリス生まれで、コールダーホール型原子炉と呼ぶ。出力は一六万六〇〇〇キロワットと小ぶり。燃料は天然ウラン、冷却は二酸化炭素という国内ただひとつのもの。一九六六年七月から一九九八年三月まで、運転された。

この原発の廃止をどうすすめるか、日本初のことでもあり、安全に合理的にできるかが注目されている。原子炉の中の放射能の減衰のために約三年間待って、二〇〇一年にようやく生国のイギリスへ燃料を運び出した。原子炉の領域は二〇一九年までに、建屋等ふくめてすべてが解体撤去されるのは二〇二〇年という予定だ。運転を三二年、解体撤去に二二年、という時間スケールの世界である。

福島原発のような事故炉の場合は、高い放射線量のため作業はきわめて困難である。解体撤去が不可能になり、結局のところ、その場所での密閉管理にならざるを得ないのではないだろうか。「隠された場所」オンカロではなく、白日のもとにさらされた墓場になるわけである。

現在の原発は一〇〇万キロワット級のものが普通で、浜岡原発五号機は一三八万キロワットという巨大な原子炉だが、廃炉の後始末の厄介さは想像にあまりある。

夢の原子力時代

ウランの核分裂を制御して、電力生産に役立てようと科学者や技術者が夢を描いたのはむりもなかった。新しいことに挑戦したいと心を躍らせるのは科学者や技術者だけでなく、人間の性《さが》というべきものだろう。

ヒロシマ・ナガサキのあと、日本の学者たちは原子力研究にきわめて慎重だった。核兵器の研究につながると考えたからである。ところが一九五四年、アメリカのビキニ水爆実験で日本のマグロ延縄《はえなわ》漁船が被曝した翌日、原子炉研究予算二億三五〇〇万円が突如として国会へ提出された。翌一九五五年一二月、「原子力基本法」が成立した。これが、慎重だった多くの学者たちを「原子力の平和的利用の研究」に向かわせることになった。政治家たちと少数の指導的科学者が主導したのである。大きな予算がつき、それまで貧しかった日本の大学の理工系の研究室はおおいに潤った。以後、今日にいたるまで、「原子力基本法」が原子力研究の目的・基本方針などを法的に位置づけてきたのである。

しかし、本書で述べられているように、原子力は平和的に利用可能なのか、考えなおすときがやって来た。人々が原子炉の爆発と放射能に怯え、不安におののきながら暮らすことは、とうてい平和とは言えない。スリーマイルの炉心溶融、チェルノブイリの核暴走、そして福島第一原発の炉心溶融と水素爆発、事故がいつ収束するのかわからない恐怖。そしてまた、仮に、事故がなかったとしても、一〇万年つづく放射能の後始末。人類には核分裂の制御はできないことがあきらかになった。

「何とかなるだろう」の果て

日本で原子力研究が始まったとき、放射性廃棄物はどう考えられていたのだろうか。わたしが原子力を学んだのは一九五九年だが、そのときからずっと疑問に思ってきた。

伏見康治氏(当時大阪大学教授)は学術会議に茅(誠司、東京大学教授)・伏見提案を示して、慎重だった学者たちを原子力研究に踏み切らせたご本人だが、その伏見氏に公開の席で問うたことがある。一九八三年のことだ。私の質問を受けて伏見氏はしばらく沈黙していたが、「じつは、当時、放射性廃棄物がこれほど深刻なものになろうとは考えていなかった。その後、たいへんな問題だと気づかされたのは、この会場にいるあなた方、若い科学者たちのおかげだ」というものだった。正直な告白だとは思ったが、しかし、その責任はどうなのか、納得できるものではなかった。

三月一一日の福島第一原発の事故発生後、四月一日に、これまで原子力を推進してきた中心的な学者たち一六人が連名で国民に陳謝するという、異例の記者会見があった。元原子力安全委員長が二名、元原子力委員三名、元原子力学会長三名が署名に加わっていた。「原子力の平和利用を先頭だって進めて来た者として、今回の事故を極めて遺憾に思うと同時に、国民に深く陳謝いたします」と言う。「謝って謝れる問題ではないと思うが、失敗した人間として社会に対して問題を解決する方法を考えたかった」と解決法を建言した。が、その中身はきわめて原理的なもので、具体性に欠けていた。

四月二七日、三四学会(四四万会員)会長声明というものが出た。「日本は科学の歩みを止めない――学会は学生・若手と共に希望ある日本の未来を築く」というタイトルである。学生・若手研究者を徹底的に支援すること、被災した施設の復旧復興と教育研究体制の確立支援を行なうこと、国内・国外の原発災害風評被害を無くするために海外学会とも協力して正確な情報を発信することの三点を訴えた。しかし、福島原発事故をひきおこしたことへの反省らしきものはまったくない。「今日の科学・技術の限界を痛感しております」というだけである。

新しい「知」の道へ

専門家や学会とは何だろうか。その人たちにまかせていたら、どこへ連れていかれるかわからない。おそろしい。自分たちの安心と安全は自分で確保しなければと考えるようになった市民が増えた。かつて、足尾鉱毒事件、水俣病などの公害事件、ダイオキシンや農薬などの被害で専門家にたいする不信は底流として存在していた。だが、このたびの原発震災は底流を表面に押し出す勢いである。その兆候はすでに各地に見られていた。

二〇〇二年夏、東京電力が原発に関する二九件ものトラブルを意図的に隠し、改竄していた事実が発覚し、大事件に発展したことがある。会長、相談役、社長ら幹部五人が引責辞任した。東京電力は信用を取り戻すべく、体制の一新を迫られた。

東京電力は福島県に一〇基、新潟県に七基の原発を持つ日本最大の電力会社だ。新潟県の柏崎刈羽原発の発電容量は八二〇万キロワットで、一カ所としては世界最大である。この事件で、新潟県民は東京電力と国の安全管理体制にたいして拭いがたい不信感を抱いた。県は、「新潟県原子力発電所の安全管理に関する技術委員会」を発足させたのであった。

ところが、二〇〇七年七月に襲ったマグニチュード六・八の新潟県中越沖地震で、柏崎刈羽原発の全七基が点検中のものを含めてすべて運転中止に追い込まれた。この地震による原発への影響と今後の対応を検討するために、新潟県は技術委員会の下に、新たに二つの小委員会をつくった。「地震、地質・地盤に関する小委員会」(六名)と「設備健全性、耐震安全性に関する小委員会」(八名)である。そしてこれらに、「原子力発電に慎重な立場をとる有識者(大学教授)」の参加をもとめ、二名ずつの慎重派委員が加わることになったのである。原子力に関しての国の委員会や審議会は、例外がないわけではないが、御用学者の集団である。新潟県の二つの小委員会は、まことにめずらしい存在と言わねばならない。

新潟方式

この三年半であわせて八〇回近くの委員会が開かれてきた。当然のことだが、二つの小委員会の場では火花を散らすような真剣な議論がなされる。東京電力の調査検討報告がすんなりと通ることはない。国の検討委員会では難なく通ってきたが、新潟県の小委員会では議論が沸騰することがしばしばである。「柏崎刈羽原発反対地元三団体」と「原発からいのちとふるさとを守る県民の会」が熱心に傍聴しており、審議を監視していることも審議の活性化におおきな役割をはたしている。

地元市民や県民たちは、委員会の議論の内容に納得できなければ、県の原子力安全対策課が担っている委員会事務局に意見を申し入れる。県は県民の「安心・安全」のために設けた技術委員会、小委員会である以上は、異議申し立てをひきうけざるを得ない。地元市民と県民の疑問は委員会に取り上げられ、東京電力が再検討・再調査して委員会で議論をやりなおすことになる。慎重派委員と住民・県民の連携したこのような努力は稀有のもので、「新潟方式」と呼ばれている。

このような現実に接すると、専門家の集団の危うさが透けて見えてくる。原子力発電は政治家に先導されて始まったと言えるが、原子力の専門家の「知」は、本来は好奇心・探究心・冒険心からきているものだ。それがいつのまにか、政・官・財・学の堅い集団になっていってしまった。国家に保護され、利害を共有し、「原子力村」と呼ばれるほどになった。こうなると、外部からの批判はとどかないだけではなく、排除するようになる。自由であるべき「知」は頑なになり、トラブルを隠し、データの隠蔽・改竄を生み、未曾有の事故へいたる。

専門家の集うところとして学会というものがある。同学の人々があつまり、自己満足に陥らず、自由闊達に批判しあい、「専門知」を深め、広げる。さらに、外へ発信し、外からの批判を歓迎するのが学会の価値あるところだった。だが、三四学会長声明は、学会が本来の意義を失い、すっかり閉鎖的になったことを示している。なによりも各学会は、この原発震災がなぜおこったのかを真摯に検討し、会員どうしの意見をたたかわせて、見解をまとめるべきであったのではないか。

迫られる選択

原子力発電は根本的に見なおすべきときに来た。福島第一原発事故を経験してなお、原子力を進めるというのなら、たしかな根拠を示す必要がある。もしそれが示されるというのなら、多方面から、多様な人たちによって、徹底的な検討がなされなければならない。

一九五〇年代、原子力が新しいエネルギー源になるかもしれないと思われたところまでは、よいとしよう。しかし、それが制御可能なのかどうか、社会に災厄をもたらさないかどうか、真剣に検討すべきであった。また、ほんとうに安価な電力たりえるか、きびしく検討されるべきであった。専門家も政治家も、夢のエネルギーと熱に浮かされたかのように思いこんだのではなかったか。

それから六〇年を経て、核エネルギーを、軍事は言うまでもなく民事にも使ってはならないという現実に、わたしたちは直面しているのだ。一九三八年の核分裂の発見いらい、ようやく、人類は一度は身につけた「知」を自らの手で捨てることができるか、できないかの選択を迫られているというべきである。

志賀	石川県羽咋郡志賀町	北陸電力	1	BWR	54.0	1993. 7.30	490	600
			2	ABWR	135.8	2006. 3.15		
敦賀	福井県敦賀市	日本原子力発電	1	BWR	35.7	1970. 3.14	(368→532)	800
			2	PWR	116.0	1987. 2.17	532	
ふげん	福井県敦賀市	原研機構		ATR	16.5	1979. 3.20	(367→532)	＊3
もんじゅ	福井県敦賀市	原研機構		FBR	28.0	試運転中断	466	760
美浜	福井県三方郡美浜町	関西電力	1	PWR	34.0	1970.11.28	(400→405)	750
			2	PWR	50.0	1972. 7.25		
			3	PWR	82.6	1976.12. 1	(405→405)	
大飯	福井県大飯郡おおい町	関西電力	1	PWR	117.5	1979. 3.27	(405→405)	700
			2	PWR	117.5	1979.12. 5		
			3	PWR	118.0	1991.12.18	405	
			4	PWR	118.0	1993. 2. 2		
高浜	福井県大飯郡高浜町	関西電力	1	PWR	82.6	1974.11.14	(360→370)	550
			2	PWR	82.6	1975.11.14		
			3	PWR	87.0	1985. 1.17	370	
			4	PWR	87.0	1985. 6. 5		
島根	島根県松江市	中国電力	1	BWR	46.0	1974. 3.29	(300→398)	600
			2	BWR	82.0	1989. 2.10	398	
			3	ABWR	137.3	建設中	456	
伊方	愛媛県西宇和郡伊方町	四国電力	1	PWR	56.6	1977. 9.30	(300→473)	570
			2	PWR	56.6	1982. 3.19		
			3	PWR	89.0	1994.12.15	450	
玄海	佐賀県東松浦郡玄海町	九州電力	1	PWR	55.9	1975.10.15	(270→370)	540
			2	PWR	55.9	1981. 3.30		
			3	PWR	118.0	1994. 3.18	370	
			4	PWR	118.0	1997. 7.25		
川内	鹿児島県薩摩川内市	九州電力	1	PWR	89.0	1984. 7. 4	(270→372)	540
			2	PWR	89.0	1985.11.28	372	

注) 石橋克彦(2011)『原発震災』(七つ森書館)の巻末の表を簡略化．炉型は，ABWR：改良型沸騰水型炉，BWR：沸騰水型炉，PWR：加圧水型炉(以上は軽水炉)，ATR：新型転換炉(ふげん)，FBR：高速増殖炉(もんじゅ)，GCR：ガス冷却炉(東海)．S_2 欄は旧指針の基準地震動 S_2 の最大加速度(ガルは加速度の単位)．(265→370)などは，旧指針策定前に 265 ガルを想定して耐震設計して設置許可されたものが，1995 年に，旧指針に照らして $S_2=370$ ガルにたいして耐震安全性が確認されたことを示す．S_s は新指針による(再設定された)基準地震動の最大加速度． ＊1: 1998.3.31 運転終了， ＊2: 2009.1.30 運転終了， ＊3: 2003.3.29 運転終了．旧指針・新指針などはII—4 章参照

日本の原子力発電所

発電所名	所在地	設置者	号機	炉型	電気出力（万 kW）	運転開始日	S_2（ガル）	S_s（ガル）
泊	北海道古宇郡泊村	北海道電力	1	PWR	57.9	1989. 6.22	370	550
			2	PWR	57.9	1991. 4.12		
			3	PWR	91.2	2009.12.22		
大間	青森県下北郡大間町	電源開発		ABWR	138.3	建設中		450
東通	青森県下北郡東通村	東北電力		BWR	110.0	2005.12. 8	375	450
東通	青森県下北郡東通村	東京電力		ABWR	138.5	建設中		450
女川	宮城県牡鹿郡女川町・石巻市	東北電力	1	BWR	52.4	1984. 6. 1	(375→375)	580
			2	BWR	82.5	1995. 7.28	375	
			3	BWR	82.5	2002. 1.30		
福島第一	福島県双葉郡大熊町・双葉町	東京電力	1	BWR	46.0	1971. 3.26	(265→370)	600
			2	BWR	78.4	1974. 7.18		
			3	BWR	78.4	1976. 3.27		
			4	BWR	78.4	1978.10.12		
			5	BWR	78.4	1978. 4.18		
			6	BWR	110.0	1979.10.24		
福島第二	福島県双葉郡楢葉町・富岡町	東京電力	1	BWR	110.0	1982. 4.20	(270→370)	600
			2	BWR	110.0	1984. 2. 3		
			3	BWR	110.0	1985. 6.21	350	
			4	BWR	110.0	1987. 8.25		
東海	茨城県那珂郡東海村	日本原子力発電		GCR	16.6	1966. 7.25	(150→380)	＊1
東海第二				BWR	110.0	1978.11.28	(270→380)	600
柏崎刈羽	新潟県柏崎市・刈羽郡刈羽村	東京電力	1	BWR	110.0	1985. 9.18	(450→450)	2300
			2	BWR	110.0	1990. 9.28	450	
			3	BWR	110.0	1993. 8.11		
			4	BWR	110.0	1994. 8.11		
			5	BWR	110.0	1990. 4.10		1209
			6	ABWR	135.6	1996.11. 7		
			7	ABWR	135.6	1997. 7. 2		
浜岡	静岡県御前崎市	中部電力	1	BWR	54.0	1976. 3.17	(450→600)	＊2
			2	BWR	84.0	1978.11.29		
			3	BWR	110.0	1987. 8.28	600	800
			4	BWR	113.7	1993. 9. 3		
			5	ABWR	138.0	2005. 1.18		

執筆者紹介

伊藤久雄(いとう・ひさお)　1947年生.(社)東京自治研究センター事務局長を経て同センター研究員. NPO法人まちぽっと理事,明星大学非常勤講師.『石原都政10年の検証』(共著, 生活社)など.

田窪雅文(たくぼ・まさふみ)　1951年生. ウェブサイト「核情報」主宰. 訳書に, ジョン・G.フラー『ドキュメント原子炉災害』(時事通信社), 核戦争防止国際医師会議, エネルギー・環境研究所『プルトニウム』(ダイヤモンド社)など.

飯田哲也(いいだ・てつなり)　1959年生. 鉄鋼メーカー, 電力関連研究機関を経て, 環境エネルギー政策研究所長.『自然エネルギー市場』(編著, 築地書館),『原発社会からの離脱』(共著, 講談社)など.

清水修二(しみず・しゅうじ)　1948年生. 福島大学経済経営学類教授. 地方財政論.『NIMBYシンドローム考』(東京新聞出版局),『原発になお地域の未来を託せるか』(自治体研究社)など.

諸富　徹(もろとみ・とおる)　1968年生. 京都大学大学院経済学研究科教授. 財政学・環境経済.『低炭素経済への道』(共著, 岩波新書),『環境』(岩波書店),『環境税の理論と実際』(有斐閣)など.

山口幸夫(やまぐち・ゆきお)　1937年生. 原子力資料情報室. 物性物理学.『まるで原発などないかのように』(共著, 現代書館),『連続講義 一九六〇年代 未来へつづく思想』(共著, 岩波書店)など.

執筆者紹介(執筆順)

石橋克彦(いしばし・かつひこ)　奥付参照

田中三彦(たなか・みつひこ)　1943年生．バブコック日立で原子炉圧力容器の設計に携わる．1977年退社．以後，科学に関わる翻訳・執筆に従事．『原発はなぜ危険か』(岩波新書)など．

後藤政志(ごとう・まさし)　1949年生．博士(工学)．芝浦工業大学非常勤講師．東芝で柏崎刈羽原発3，6号機，浜岡原発3，4号機，女川原発3号機の原子炉格納容器の設計に携わり，2009年退社．

鎌田　遵(かまた・じゅん)　1972年生．大学非常勤講師．都市計画・アメリカ先住民研究．『ネイティブ・アメリカン』(岩波新書)，『「辺境」の抵抗』(御茶の水書房)など．

上澤千尋(かみさわ・ちひろ)　1966年生．原子力資料情報室．『MOX総合評価』(共著，七つ森書館)，『老朽化する原発』(共著，原子力資料情報室)，『検証 東電原発トラブル隠し』(共著，岩波書店)など．

井野博満(いの・ひろみつ)　1938年生．東京大学名誉教授．金属材料学．『徹底検証 21世紀の全技術』(佐伯康治との責任編集，藤原書店)，『「循環型社会」を問う』(藤田祐幸との責任編集，藤原書店)など．

今中哲二(いまなか・てつじ)　1950年生．京都大学原子炉実験所助教．原子力工学．『チェルノブイリ事故による放射能災害』(編，技術と人間)，『原発の安全上欠陥』(共著，第三書館)など．

吉岡　斉(よしおか・ひとし)　1953年生．九州大学副学長・同大学大学院比較社会文化研究院教授．科学技術史．『原子力の社会史』(朝日新聞社)，『通史 日本の科学技術』(共編著，学陽書房)など．

石橋克彦

1944年 神奈川県に生まれる
1968年 東京大学理学部地球物理学科卒業
1973年 東京大学大学院理学系研究科博士課程修了
東京大学理学部助手，建設省建築研究所国際地震工学部室長，神戸大学都市安全研究センター教授を経て，
現在一神戸大学名誉教授
専攻一地震テクトニクス
著書一『大地動乱の時代一地震学者は警告する』(岩波新書)
『阪神・淡路大震災の教訓』(岩波ブックレット)
『地震の事典』(共著，朝倉書店)
『南の海からきた丹沢一プレートテクトニクスの不思議』(共著，有隣堂) など

原発を終わらせる　岩波新書(新赤版)1315

2011年7月20日　第1刷発行

編　者　石橋克彦《いしばしかつひこ》

発行者　山口昭男

発行所　株式会社 岩波書店
〒101-8002 東京都千代田区一ツ橋 2-5-5
案内 03-5210-4000　販売部 03-5210-4111
http://www.iwanami.co.jp/

新書編集部 03-5210-4054
http://www.iwanamishinsho.com/

印刷・理想社　カバー・半七印刷　製本・中永製本

ISBN 978-4-00-431315-1　Printed in Japan

岩波新書新赤版一〇〇〇点に際して

ひとつの時代が終わったと言われて久しい。だが、その先にいかなる時代を展望するのか、私たちはその輪郭すら描きえていない。二〇世紀から持ち越した課題の多くは、未だ解決の緒を見つけることのできないままであり、二一世紀が新たに招きよせた問題も少なくない。グローバル資本主義の浸透、憎悪の連鎖、暴力の応酬――世界は混沌として深い不安の只中にある。

現代社会においては変化が常態となり、速さと新しさに絶対的な価値が与えられた。消費社会の深化と情報技術の革命は、種々の境界を無くし、人々の生活やコミュニケーションの様式を根底から変容させてきた。ライフスタイルは多様化し、一面では個人の生き方をそれぞれが選びとる時代が始まっている。同時に、新たな格差が生まれ、様々な次元での亀裂や分断が深まっている。社会や歴史に対する意識が揺らぎ、普遍的な理念に対する根本的な懐疑や、現実を変えることへの無力感がひそかに根を張りつつある。そして生きることに誰もが困難を覚える時代が到来している。

しかし、日常生活のそれぞれの場で、自由と民主主義を獲得し実践することを通じて、私たち自身がそうした閉塞を乗り超え、希望の時代の幕開けを告げてゆくことは不可能ではあるまい。そのために、いま求められていること――それは、個と個の間で開かれた対話を積み重ねながら、人間らしく生きることの条件について一人ひとりが粘り強く思考することではないか。その営みの糧となるものが、教養に外ならないと私たちは考える。歴史とは何か、よく生きるとはいかなることか、世界そして人間はどこへ向かうべきなのか――こうした根源的な問いとの格闘が、文化と知の厚みを作り出し、個人と社会を支える基盤としての教養となった。まさにそのような教養への道案内こそ、岩波新書が創刊以来、追求してきたことである。

岩波新書は、日中戦争下の一九三八年一一月に赤版として創刊された。創刊の辞は、道義の精神に則らない日本の行動を憂慮し、批判的精神と良心的行動の欠如を戒めつつ、現代人の現代的教養を刊行の目的とする、と謳っている。以後、青版、黄版、新赤版と装いを改めながら、合計二五〇〇点余りを世に問うてきた。そして、いままた新赤版が一〇〇〇点を迎えたのを機に、人間の理性と良心への信頼を再確認し、それに裏打ちされた文化を培っていく決意を込めて、新しい装丁のもとに再出発したいと思う。一冊一冊から吹き出す新風が一人でも多くの読者の許に届くこと、そして希望ある時代への想像力を豊かにかき立てることを切に願う。

（二〇〇六年四月）

自然科学

職業としての科学　佐藤文隆
宇宙論への招待　佐藤文隆
津波災害　河田惠昭
高木貞治 近代日本数学の父　高瀬正仁
岡潔 数学の詩人　高瀬正仁
太陽系大紀行　野本陽代
偶然とは何か　竹内敬
ぶらりミクロ散歩　田中敬一
超ミクロ世界への挑戦　田中敬一
冬眠の謎を解く　近藤宣昭
人物で語る化学入門　竹内敬人
ダーウィンの思想　内井惣七
宇宙論入門　佐藤勝彦
タンパク質の一生　永田和宏
疑似科学入門　池内了
火山噴火　鎌田浩毅
数に強くなる　畑村洋太郎

人物で語る物理入門 上・下　米沢富美子
日本の地震災害　伊藤和明
宇宙人としての生き方　松井孝典
私の脳科学講義　利根川進
ペンギンの世界　上田一生
宇宙からの贈りもの　毛利衛
木造建築を見直す　坂本功
市民科学者として生きる　高木仁三郎
科学の目 科学のこころ　長谷川眞理子
地震予知を考える　茂木清夫
水族館のはなし　堀由紀子
生命と地球の歴史　丸山茂徳・磯崎行雄
科学論入門　佐々木力
摩擦の世界　角田和雄
孤島の生物たち　小野幹雄
大地動乱の時代　石橋克彦
日本列島の誕生　平朝彦
大地の微生物世界　服部勉
栽培植物と農耕の起源　中尾佐助

宝石は語る　砂川一郎
動物園の獣医さん　川崎泉
コマの科学　戸田盛和
物理学とは何だろうか 上・下　朝永振一郎
相対性理論入門　内山龍雄
人間であること　時実利彦
人間はどこまで動物か　A・ポルトマン 高木正孝訳
植物たちの生　沼田真
アラビア科学の話　矢島祐利
科学の方法　中谷宇吉郎
日本の地形　貝塚爽平
数学の学び方・教え方　遠山啓
数学入門 上・下　遠山啓
無限と連続　遠山啓
釣りの科学　檜山義夫
原子力発電　武谷三男編
物理学はいかに創られたか 上・下　アインシュタイン インフェルト 石原純訳
零の発見　吉田洋一

岩波新書より

福祉・医療

ルポ 認知症ケア最前線　佐藤幹夫
ルポ 高齢者医療　佐藤幹夫
医の未来　矢﨑義雄編
介護保険は老いを守るか　沖藤典子
パンデミックとたたかう　押谷仁 瀬名秀明
健康不安社会を生きる　飯島裕一編著
健康ブームを問う　飯島裕一編著
疲労とつきあう　飯島裕一
長寿を科学する　祖父江逸郎
温泉と健康　阿岸祐幸
介護 現場からの検証　結城康博
医療の値段　結城康博
腎臓病の話　椎貝達夫
「尊厳死」に尊厳はあるか　中島みち
がんとどう向き合うか　額田勲
がん緩和ケア最前線　坂井かをり
人はなぜ太るのか　岡田正彦

新型インフルエンザ 世界がふるえる日　山本太郎
児童虐待　川﨑二三彦
生老病死を支える　方波見康雄
ぼけの予防　須貝佑一
認知症とは何か　小澤勲
鍼灸の挑戦　松田博公
障害者とスポーツ　高橋明
生体肝移植　後藤正治
健康食品ノート　瀬川至朗
放射線と健康　舘野之男
福祉NPO　渋川智明
定常型社会 新しい「豊かさ」の構想　広井良典
日本の社会保障　広井良典
日常生活の法医学　寺沢浩一
生活習慣病を防ぐ　香川靖雄
血管の病気　田辺達三
医の現在　高久史麿編
アルツハイマー病　黒田洋一郎
居住福祉　早川和男

高齢者医療と福祉　岡本祐三
看護 ベッドサイドの光景　増田れい子
体験ルポ 日本の高齢者福祉　山井和則 斉藤弥生
体験ルポ 世界の高齢者福祉　山井和則
信州に上医あり　南木佳士
がん告知以後　季羽倭文子
心の病と社会復帰　蜂矢英彦
医療の倫理　星野一正
腸は考える　藤田恒夫
障害者は、いま　大野智也
光に向って咲け　粟津キヨ
医者と患者と病院と　砂原茂一
リハビリテーション　砂原茂一
母乳　山本高治郎
指と耳で読む　本間一夫

岩波新書より

社会

日本の食糧が危ない　中村靖彦
ウォーター・ビジネス　中村靖彦
食の世界にいま何がおきているか　中村靖彦
狂牛病　中村靖彦
勲章 知られざる素顔　栗原俊雄
人が人を裁くということ　小坂井敏晶
希望のつくり方　玄田有史
生き方の不平等　白波瀬佐和子
同性愛と異性愛　風間孝 河口和也
居住の貧困　本間義人
贅沢の条件　山田登世子
ブランドの条件　山田登世子
新しい労働社会　濱口桂一郎
世代間連帯　上野千鶴子 辻元清美
ルポ 雇用劣化不況　竹信三恵子
道路をどうするか　五十嵐敬喜 小川明雄
建築紛争　五十嵐敬喜 小川明雄
「都市再生」を問う　五十嵐敬喜 小川明雄
公共事業をどうするか　五十嵐敬喜 小川明雄
ルポ 労働と戦争　島本慈子
戦争で死ぬ、ということ　島本慈子
ルポ 解雇　島本慈子
子どもの貧困　阿部彩
子どもへの性的虐待　森田ゆり
森の力　浜田久美子
戦争絶滅へ、人間復活へ　むのたけじ 黒岩比佐子 聞き手
テレワーク 「未来型労働」の現実　佐藤彰男
反貧困　湯浅誠
不可能性の時代　大澤真幸
地域の力　大江正章
ベースボールの夢　内田隆三
グアムと日本人 戦争を埋立てた楽園　山口誠
少子社会日本　山田昌弘
親米と反米　吉見俊哉
「悩み」の正体　香山リカ
いまどきの「常識」　香山リカ
若者の法則　香山リカ
変えてゆく勇気　上川あや
定年後　加藤仁
労働ダンピング　中野麻美
マンションの地震対策　藤木良明
誰のための会社にするか　ロナルド・ドーア
ルポ 改憲潮流　斎藤貴男
安心のファシズム　斎藤貴男
社会学入門　見田宗介
現代社会の理論　見田宗介
冠婚葬祭のひみつ　斎藤美奈子
壊れる男たち　金子雅臣
少年事件に取り組む　藤原正範
まちづくりと景観　田村明
まちづくりの実践　田村明
悪役レスラーは笑う　森達也
働きすぎの時代　森岡孝二
大型店とまちづくり　矢作弘

岩波新書より

宗教

『教行信証』を読む 親鸞の世界へ　山折哲雄
親鸞をよむ　山折哲雄
国家神道と日本人　島薗進
聖書の読み方　大貫隆
寺よ、変われ　高橋卓志
日本宗教史　末木文美士
法華経入門　菅野博史
中世神話　山本ひろ子
イスラム教入門　中村廣治郎
ジャンヌ・ダルクと蓮如　大谷暢順
蓮如　五木寛之
密教　松長有慶
仏教入門　三枝充悳
聖書入門　小塩力
国家神道　村上重良
お経の話　渡辺照宏
日本の仏教　渡辺照宏
仏教〔第二版〕　渡辺照宏
禅と日本文化　鈴木大拙 北川桃雄訳

情報・メディア

メディアと日本人　橋元良明
インターネット新世代　村井純
インターネットⅡ　村井純
インターネット　村井純
デジタル社会はなぜ生きにくいか　徳田雄洋
ジャーナリズムの可能性　原寿雄
ジャーナリズムの思想　原寿雄
ITリスクの考え方　佐々木良一
ユビキタスとは何か　坂村健
ウェブ社会をどう生きるか　西垣通
IT革命　西垣通
報道被害　梓澤和幸
メディア社会　佐藤卓己
NHK　松田浩
現代の戦争報道　門奈直樹
未来をつくる図書館　菅谷明子
メディア・リテラシー　菅谷明子
テレビの21世紀　岡村黎明
インターネット術語集Ⅱ　矢野直明
インターネット術語集　矢野直明
読書力　齋藤孝
新パソコン入門　石田晴久
広告のヒロインたち　島森路子
誤報　後藤文康
フォト・ジャーナリストの眼　長倉洋海
日米情報摩擦　安藤博
職業としての編集者　吉野源三郎
写真の読みかた　名取洋之助

岩波新書より

現代世界

岩波新書/最新刊から

1274 **平城京の時代**　シリーズ日本古代史④　坂上康俊 著

大宝律令、大仏開眼、記紀の編纂など、唐を手本に文化を開花させるも、疫病流行や皇位継承争いが…。揺れ動く時代を豊かに描く。

1309 **日本の食糧が危ない**　中村靖彦 著

世界的な食料不足が目前に迫る中、輸入大国日本はこのままでよいのか？ＴＰＰへの対処など真の食料安保のための政策を提言する。

1310 **次世代インターネットの経済学**　依田高典 著

なぜ日本ではグーグル、アマゾンのような企業があらわれないのか。情報通信産業の現状と課題を、経済学から明快に解き明かす。

1311 **赤ちゃんの不思議**　開一夫 著

近年解明されつつある赤ちゃんの驚くべき能力。脳科学・認知科学の最新の知見を紹介し、激変する養育環境の影響について論考する。

1312 **大震災のなかで**　私たちは何をすべきか　内橋克人 編

東日本大震災は、何を問いかけているのか。私たちは被災者にどう向き合い、どんな支援をしていったらよいのか。三三名がつづる。

1275 **平安京遷都**　シリーズ日本古代史⑤　川尻秋生 著

桓武天皇の遷都に始まる古代最後の都、平安京。時代精神に目配りしつつ、以後長らく王朝文化の源となった時代の実像にせまる。

1313 **教科書の中の宗教**　―この奇妙な実態―　藤原聖子 著

公教育が特定の宗教を推奨している!? 偏見・差別につながる記述も……。そもそも「中立」的に宗教を語ることは可能なのか。

1314 **感染症と文明**　―共生への道―　山本太郎 著

闘いは悲劇の準備にすぎないかもしれない。共生の道はあるのか。文明の発祥以来、社会が作り上げてきた流行の諸相を描き出す。

(2011.7)